土木工程科技发展与创新研究前沿丛书

基于绿色低碳产业园区项目背景下数字化施工技术

肖海东　赵锦鸿　著

武汉理工大学出版社
·武汉·

内容简介

数字化工地(又称智慧工地)是通过先进技术与数字化方案,旨在提升工地运营效率与安全性的先进理念。它依托物联网、大数据分析、人工智能等前沿技术,实现了实时远程监控管理、自动化操作以及数据分析预测等多方面的改进。然而,受限于智慧化发展水平较低、企业与从业人员意识薄弱、相关制度不完善等因素,我国数字化工地建设的推进进程较为缓慢。本书以云南绿色低碳示范产业园信息化智慧工地项目为案例,基于数字化(智慧)工地理论,运用文献分析与个案分析法,凝练出创新路径,并提出了针对性的解决措施,以完善建设流程。同时,借助智慧化信息化工具,有效提升了施工管理效率,并成功形成了宝贵的数字资产。

图书在版编目(CIP)数据

基于绿色低碳产业园区项目背景下数字化施工技术 / 肖海东,赵锦鸿著.

武汉:武汉理工大学出版社,2025.5. -- ISBN 978-7-5629-7228-0

Ⅰ. X511;TU984.13

中国国家版本馆 CIP 数据核字第 2024PB7582 号

基于绿色低碳产业园区项目背景下数字化施工技术

JIYU LVSEDITAN CHANYEYUANQU XIANGMU BEIJING XIA SHUZIHUA SHIGONG JISHU

项目负责人:王利永(027-87290908)	责任编辑:王 思 廖 婧
责任校对:王 威	版面设计:博壹臻远

出版发行:武汉理工大学出版社
网　　址:http://www.wutp.com.cn
地　　址:武汉市洪山区珞狮路 122 号
邮　　编:430070
印　刷　者:湖北金港彩印有限公司
发　行　者:各地新华书店
开　　本:787mm×1092mm　1/16
印　　张:10.25
字　　数:263 千字
版　　次:2025 年 5 月第 1 版
印　　次:2025 年 5 月第 1 次印刷
定　　价:90.00 元

凡购本书,如有缺页、倒页、脱页等印装质量问题,请向出版社发行部调换。
本社购书热线电话:027-87523148　87391631　87664138

·版权所有,盗版必究·

编写委员会

主任委员　肖海东　赵锦鸿

副主任委员　孙亚平　周艳飞　蒋剑文

编　　委　赵　谷　陈　智　许　金　何炼君　游进前
　　　　　　王根宝　赵鸿高　刘永鹏　查青青　刘咏林
　　　　　　郭良玉　杨　杰　郎　宇　刘云龙　李　帆
　　　　　　王　震　蒋知衡　徐漾涛　赵建昌　丁建楠
　　　　　　张东俊　和鑫鸿　王文杰　何新妤　尹泽志
　　　　　　张　蕾　方国良　吴昌耀　陈志雄　胡清杰
　　　　　　沈凡槟　穆佳磊　高　斌　王敏哲　谢　鹏
　　　　　　张　凯　朱晓峰　徐　川　韦诚辉　马跃明
　　　　　　李利伟　刘定云　赵跃坤　周永荣　张赛春
　　　　　　尹世雄　刘　军　杨顶贵　朱秋峰　金怀祚
　　　　　　龚海洋　浦　七　夏体运　茶绍斌

前言

数字化工地又被称作智慧工地，是利用先进技术与数字化解决方案来提升工地运营效率和增加安全性的理念。通过整合物联网，运用大数据分析、人工智能等技术，数字化工地可以达成实时远程监控和管理、自动化操作、数据分析与预测等多维度的优化。

受智慧化发展程度较低、企业及从业人员认识不足、制度不健全等因素的影响，我国数字化工地建设进展缓慢。本书以云南绿色低碳示范产业园的信息化智慧工地项目为例，在数字化（智慧）工地的理论基础上，采用文献分析法和案例分析法，提炼出数字化（智慧）工地的具体创新路径，并针对上述因素提出相应的解决策略，旨在完善数字化（智慧）工地的建设流程，借助智慧化、信息化的工具，提升施工管理效率，并同步形成数字资产。

综上所述，数字化工地通过应用先进技术及提供综合性的解决方案，可以提升工地的运营效率、管理效果及安全水平，实现工地的智慧化运营。

本书著写分工如下： 由云南省建设投资控股集团有限公司市政路桥部的肖海东和赵锦鸿担任主要著者并负责审校工作，孙亚平、周艳飞、蒋剑文负责文稿校核。著写团队成员包括赵谷、陈智、许金、何炼君、刘永鹏、查青青、刘咏林、郭良玉、杨杰、郎宇、刘云龙、李帆、王震、蒋知衡、徐漾涛、赵建昌、丁建楠、张东俊、和鑫鸿、王文杰、何新妤、尹泽志、张蕾、吴昌耀、陈志雄、胡清杰、沈凡槟、穆佳磊等。其中，王文杰和丁建楠负责稿件的整合工作。

著者水平有限，书中难免存在缺点和错误，敬请广大读者批评指正。

著 者

2024 年 6 月

目 录 Contents

1 概述 ·· 1
  1.1 数字化(智慧)工地概况 ··· 1
  1.2 数字化(智慧)工地国内外研究现状 ·· 2
    1.2.1 国内研究现状 ··· 2
    1.2.2 国外研究现状 ··· 4
  1.3 数字化(智慧)工地的应用思路及成果 ·· 5
    1.3.1 应用思路 ·· 5
    1.3.2 应用成果 ·· 7

2 数字化(智慧)工地的理论基础 ·· 9
  2.1 BIM+智慧工地平台 ·· 9
  2.2 数字孪生 ·· 10
  2.3 互联网+物联网(IoT)+智慧运营 ··· 13

3 数字化(智慧)工地的创新路径 ·· 15
  3.1 数字化(智慧)工地组织体系建设 ··· 15
  3.2 现场人员管理 ·· 19
  3.3 物料管理 ·· 19
  3.4 施工安全管理 ·· 21
  3.5 绿色施工管理 ·· 22
  3.6 施工质量事故处理方式及验收标准 ··· 23

4 基于BIM和智慧工地平台的应用 ··· 25
  4.1 智慧工地平台的优点 ··· 25
  4.2 智慧工地平台的发展趋势 ·· 26
  4.3 智慧工地平台的应用 ··· 28

4.4　BIM 和智慧工地平台的融合应用 …………………………………………… 29

5　数字孪生三维可视控制技术 ……………………………………………………… 31
　　5.1　数字孪生三维可视化在建筑行业的发展趋势 ……………………………… 31
　　5.2　数字孪生三维可视化的优点 ………………………………………………… 32
　　5.3　虚拟建设与实际建设 ………………………………………………………… 33
　　5.4　数字孪生在项目中的应用 …………………………………………………… 34
　　5.5　数字孪生三维可视化在工地场景中的应用 ………………………………… 37

6　互联网+物联网（IoT）智慧运维平台 …………………………………………… 41
　　6.1　智慧运维管理平台 …………………………………………………………… 41
　　6.2　智慧运维技术体系 …………………………………………………………… 42
　　6.3　智慧运维管理的优点 ………………………………………………………… 43
　　6.4　互联网+物联网（IoT）智慧运维管理在建筑场景中的应用 ……………… 45

7　数字化（智慧）工地的构建与实践案例 ………………………………………… 47
　　7.1　工程案例概况 ………………………………………………………………… 47
　　7.2　建设前控制策略详解 ………………………………………………………… 51
　　　　7.2.1　保障工期的措施概述 …………………………………………………… 51
　　　　7.2.2　建投平台亮点 …………………………………………………………… 51
　　　　7.2.3　功能特色 ………………………………………………………………… 52
　　7.3　施工过程中的策划工作 ……………………………………………………… 54
　　　　7.3.1　高点监控建设方案 ……………………………………………………… 54
　　　　7.3.2　智慧工地平台建设方案 ………………………………………………… 59
　　　　7.3.3　工地内主要路口与重点工区建设方案 ………………………………… 64
　　　　7.3.4　主要设备配置 …………………………………………………………… 64
　　7.4　技术创新成果 ………………………………………………………………… 70
　　　　7.4.1　智能强夯压实度数字控制技术 ………………………………………… 70
　　　　7.4.2　智能碳排放与扬尘监控报警装置 ……………………………………… 73
　　　　7.4.3　基于数字孪生无人机和 RTK 施工测量控制系统的应用 …………… 75
　　　　7.4.4　建筑孪生三维可视施工控制技术 ……………………………………… 76
　　　　7.4.5　分层超厚强夯施工技术 ………………………………………………… 79
　　　　7.4.6　超高填方地段强夯搭接面控制 BIM 技术 …………………………… 86

7.4.7 "双碳"背景下高边坡 BIM 施工技术 ································· 93
7.4.8 绿色低碳生态循环植生袋固坡防护关键技术 ······················· 103
7.4.9 绿色低碳数字化施工技术 ·· 135
7.5 效益分析 ·· 144

参考文献 ·· 150

1 概 述

数字化工地,也被称为智慧工地,将BIM、物联网、大数据分析、人工智能、数字孪生等技术应用于施工工程的全生命周期中,它运用信息化手段,对工程项目进行精确设计和施工模拟,围绕施工过程管理中的"人、机、料、法、环"五大要素,构建互联互通的施工项目信息化生态圈。通过对数据的挖掘分析,数字化工地能提供过程趋势预测及专家预案,从而提升人员、机械、物料、流程、安全等板块的综合能力,实现工程施工过程的可视化和智能化管理。

1.1 数字化(智慧)工地概况

绿色低碳示范产业园位于云南省红河州泸西县,项目总用地面积达$5.45\ km^2$。园区通过"风、光、水、储、林"协同布局及减碳、负碳项目投资,旨在打造世界领先的绿色低碳示范产业园。规划建设绿色低碳示范产业园是云南省委省政府、魏桥创业集团贯彻落实习近平总书记关于碳达峰、碳中和的重要讲话精神的重要举措,旨在打造世界一流"绿色能源牌"和"中国铝谷",实现云南"十四五"规划目标。同时,这也是实现魏桥创业集团"双碳"战略目标,成为世界领先的低碳铝企业的重要战略布局。园区将建设绿色铝、高端铝材深加工等项目,实现绿色铝的就地高端加工。园区将使用清洁绿色能源,全部采用魏桥创业集团自主研发的节能减排、大幅减碳、高度自动化的600KA生产线。该生产线是目前世界上最先进的铝电解生产线,它的投用将极大提升中国在全球铝电解技术和低碳铝领域的地位。

项目开展过程中有众多重难点问题,主要体现在以下三个方面:

(1)项目总用地面积达$5.45\ km^2$,需要在18个月内完成施工。场地平整及地基处理范围广,施工期限紧迫;同时,危险作业区域多,需要爆破多个山头,且填方区存在滑坡风险。

(2)施工现场遍布千余台施工机械,它们在工地同时作业,机械种类繁多,容易发生场内车辆伤害事故。

(3)施工工期紧迫,施工范围广,每月对分包队伍下游产值的计量工作存在困难。

鉴于项目区域广泛,施工点多,信息化设施难以全面覆盖,管理难度大,指挥部开展了数字化(智慧)工地的研究与建设。目前,该数字化(智慧)工地已建成,指挥中心通过物联网中台、综合业务管理系统、数据中台、视频流服务中台及大屏展示系统,与现场的高空鹰眼监控、GIS定位、广播等设备紧密配合,指挥中心直接掌控整个施工现场、施工能力及施工进度。

1.2　数字化(智慧)工地国内外研究现状

国内外在数字化工地研究方面已经取得了一定的成果,具体研究现状如下所述。

1.2.1　国内研究现状

在我国,数字化工地的研究主要集中在大型建筑工程项目和示范工地。研究重点涵盖以下几个方面。

(1)网络技术与信息系统

建筑工程信息技术基础薄弱,主要表现在三个方面:一是建筑行业应用计算机存在明显的局限性,在建筑工程中,信息技术的应用以单机版软件为主,采用单机操作,没有形成网络信息共享和自动传递机制;二是目前建筑业应用信息技术的应用范围较窄,未能实现网上材料采购、项目管理、信息交换及信息发布等功能,管理信息系统仅局限于信息搜索和打印报表,无法完成不同种类数据之间的联系性、整体性和分析性工作,更无法与一些动态的行业信息进行有效结合;三是施工管理仍依赖管理人员的经验和处理能力,管理方式较为粗放,施工管理中现场跟踪检查尚未制度化,随意性大,即便使用了项目管理系统,信息也仅在施工现场管理部门内流动,局限性很强,企业各部门之间无法形成一个连贯的过程,从而难以适应建筑工程信息化的管理体制。

研究如何利用互联网和物联网技术构建数字化工地管理系统,实现建筑工地的信息化管理,已经成为我国建筑业发展亟待解决的问题。

(2)智能构件与设备

研究如何利用智能构件和设备提升施工质量和效率,如使用无人机、机器人等。建设工程智能机器人的应用场景如图 1-1 所示。

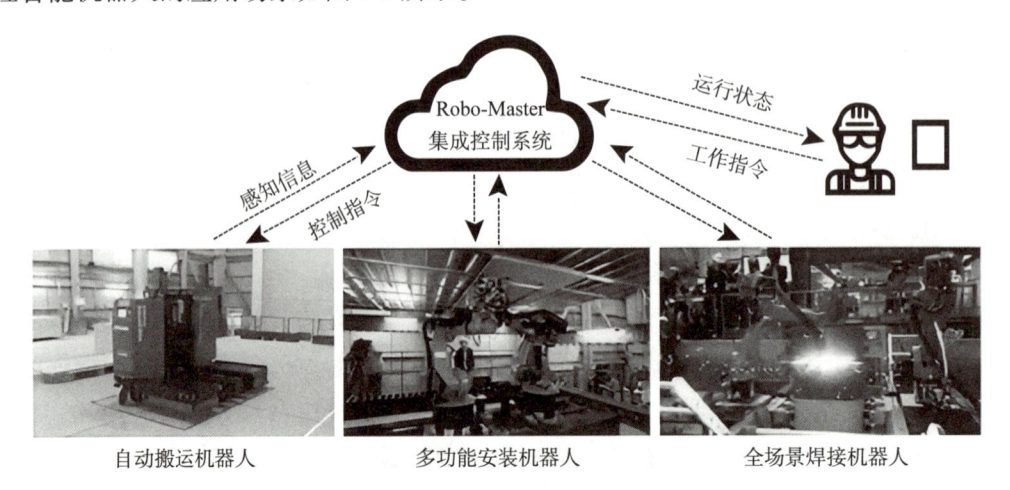

图 1-1　建设工程智能机器人的应用场景

（3）数据分析与决策支持

研究如何利用大数据分析技术对工地数据进行处理，通过分析和处理这些数据，为决策提供支持。图1-2展示了变电系统智能数据分析与决策的数字孪生系统。

图1-2 变电系统智能数据分析与决策的数字孪生系统

（4）智慧安全与监控

研究如何利用智能安全设备和监控系统提升工地的安全性和监管效能。施工现场智慧安全与监测系统如图1-3所示。

图1-3 施工现场智慧安全与监测系统

1.2.2 国外研究现状

在国际上，数字化工地的研究主要集中在发达国家和地区，如美国、欧洲等。研究重点包括以下几个方面。

（1）BIM（建筑信息模型）技术

研究如何利用BIM技术实现工地数字化管理和协同施工，提高工程效率和质量。

在英国伦敦的一个大型工程项目中，数字化技术被应用于建筑设计和施工。该项目利用建筑信息模型（BIM）技术进行建筑设计，实现了设计图纸的模型化、三维可视化和协同设计。同时，在施工过程中，利用传感器和物联网技术对施工现场进行实时监测和管理，提高了施工效率和安全性。

通过数字化技术的应用，该项目实现了建筑设计和施工过程的高度协同和信息共享，大幅减少了沟通和协调的成本及时间。同时，数字化技术还能够提供更准确的施工预测和风险管理，提升了项目的成功率和效益。

（2）自动化与机器人技术

研究如何利用自动化设备和机器人来实现工地的自动化施工和作业。

在大型建筑工地上，材料和设备的搬运是关键环节。传统的搬运方式需要大量人力投入，且存在危险。而协作机器人能够通过感知和规划，完成自动化搬运任务，大幅减少了人力成本和搬运过程中的危险因素。智能焊接和拼装也是建筑结构的制造和安装过程中不可或缺的环节。协作机器人通过精准的控制和自动化的操作，可以完成复杂的焊接和拼装任务，提高工作效率和产品质量。此外，协作机器人还可以应用于高空作业和危险环境。在高空作业中，协作机器人可以代替工人执行高空搭建和维护任务，提高安全性和工作效率。在危险环境中，协作机器人可以代替工人进行危险作业，降低人身伤害的风险。

（3）人工智能与大数据

研究如何利用人工智能和大数据分析技术对工地数据进行处理和分析，提高工地管理与决策效果。

传统的建筑施工管理，主要依赖于手动记录施工相关流程及人工绘制施工平面布置图。随着人工智能技术的发展和广泛应用，综合利用运筹学、数理逻辑学以及人工智能等技术手段进行建筑施工现场管理已十分广泛。基于C/S环境架构研发的建筑企业工地管理应用系统，全面涵盖了工地管理的各个方面，主要包括员工管理模块、分包合同管理模块、固定资产管理模块、供应商管理模块、财务管理模块、施工日志管理模块及员工考勤管理模块等。通过与工资挂钩，该系统细化了对分包商和供应商的管理，实现了对材料进出的有效控制，真正实现了工地物流、资金流和业务流的三流合一。

（4）虚拟现实与增强现实

研究如何利用虚拟现实和增强现实技术来改进工地培训和模拟操作，虚实结合智慧工地平台的组织架构如图1-4所示。

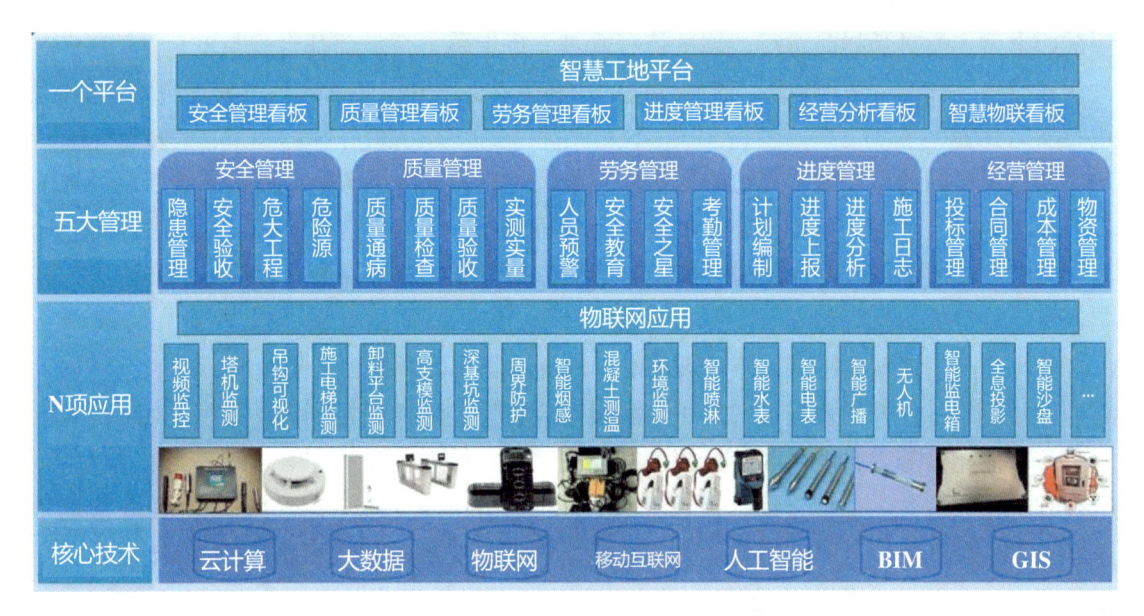

图 1-4 虚实结合智慧工地平台的组织架构

总而言之，国内外在数字化工地的研究方向各有侧重，但都致力于提高建筑工地的管理效率和施工质量，以应对日益复杂和多变的建筑需求。随着技术的不断发展，数字化工地将在未来得到更广泛的应用和推广。

1.3 数字化（智慧）工地的应用思路及成果

1.3.1 应用思路

云南建投利用物联网、云计算、大数据等技术，结合现场施工的特点与管理需求，积极推进智慧工地建设。

施工现场遍布千余台施工机械，它们在工地同时作业，机械种类繁多。智慧工地为每一台施工机械建档，实现施工机械信息管理、责任单位与责任人管理、实时工作状态管理、紧急联系方式管理等。针对施工地点偏僻的情况，建立基于最新"北斗"系统的高精度定位系统，野外误差仅在 1m 以内，能实现对机械的位置、行驶轨迹等实时数据跟踪。

系统对每个施工单位每日投入的机械台班数量进行跟踪，呈现机械台班投入的数量变化、机械类型比例，为指挥中心判断投入机械台班数量、机械类型是否合理提供依据。

在施工场地和主要出入口设置环境监测设备，对温湿度、PM 值、风速等条件进行实时监测，并记录变化情况。同时，向施工所在地的气象预报与气象局进行动态数据获取。

对爆破作业进行严格管控，在爆破区域，由指挥中心划定电子围栏，对爆破区有人员闯入进行实时报警。同时，为安全员和指挥中心值班人员开发手机小程序，对爆破前准备、爆破时监测、爆破后撤防进行严格的流程管理，确保每一个步骤都合规与安全。

在重点区域进行边坡监测，监测地块的位移变化，当出现接近或超过安全位移数据时，进行实时预警。

利用现场的地形地貌和周边的通信塔，通过专业的鹰眼摄像头，搭建了覆盖全场地的高空瞭望系统，从各个角度对施工现场进行远程监控。

同时，在主要路口设置了视频监控与车辆抓拍设备，外来人员与车辆不得非法进入施工区域，确保施工过程的安全。

鉴于施工工期紧的特点，基于现场GIS地图动态划定开挖区与填埋区，运载车辆进入对应区域后智能感知作业任务并向平台触发对应事件。结合自定义函数计算，对趟次和运量进行智能化计算，自动生成统计报表并在大屏展示数据。

数字化（智慧）工地建设目前已完成，指挥中心通过物联网中台、综合业务管理系统、数据中台、视频流服务中台、大屏展示系统，与现场的高空鹰眼监控、GIS定位、广播等设备进行配合，指挥中心直接掌控整个施工现场的施工能力、施工进度。基于GIS系统的挖、填分区图如图1-5所示。

图1-5 基于GIS系统的挖、填分区图

在指挥中心，通过可视化大屏对施工现场的视频监控、机械运行状态、工程进度、各类机械的投入数量、边坡位移监测等各类实时数据与统计数据进行呈现。这使得指挥人员与管理人员能直观地了解项目工程现场施工的实时状况、产能及产能使用率、已完成工作量和未完成工作量、施工进度预测以及危险源状况等信息，从而为项目的指挥人员与管理人员提供辅助决策。

1.3.2 应用成果

（1）鹰眼监控 AR

整个施工现场采用了 4 个鹰眼摄像机，搭建了全场地的高空瞭望系统，形成了一个 AR 实景地图。该系统能从各个角度对施工现场进行全方位远程监控。同时，在主要路口设置了视频监控与车辆抓拍设备，用于记录车辆信息及进行现场防控监控。通过添加标签，对现场岗亭、爆炸区、建筑物等进行标注，对应的岗亭监控点可以进行实时预览。当有爆破作业时，系统会划定爆破区，一旦有车辆或人员进入，监控画面会弹出区域入侵事件报警。操作员需判断是正报还是误报，并通过智慧广播喊话，实现安全预警功能。鹰眼监控 AR 如图 1-6 所示。

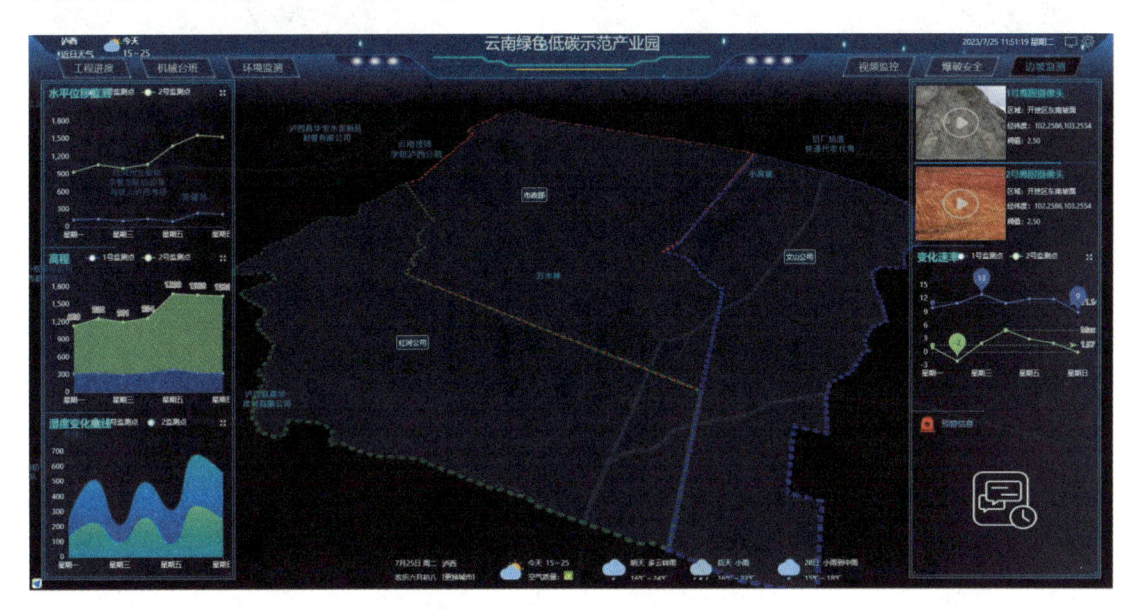

图 1-6 鹰眼监控 AR

（2）综合安防管理平台（安全管理）

在施工现场，由于存在多个场地同时进行爆破施工，场地广阔，人员和车辆多，爆破时有飞石，安全隐患大。为此，我们采用了系统管理和爆破管理制度相结合的方式。在爆破计划中，若有区域爆破，由爆破管理人员告知指挥中心值班人员。对于爆破区域，系统会划定电子围栏，如有人或车辆进入，会实时报警，系统大屏会自动弹出报警信息，与此同时，爆破区域的广播会联动报警，驱离人员。在指挥中心和现场都可以进行喊话，指挥中心确认人员及车辆离开后，方可进行爆破作业。

在高填方区，重点对边坡进行监测，实时监测地块是否发生位移，若发生了位移则进行报警。该平台还具备设置预置点位重点监控、人脸识别、车辆抓拍等功能。综合安防管理平台如图 1-7 所示。

图 1-7　综合安防管理平台

（3）智慧渣土安全防控平台（进度管理）

智慧渣土安全防控平台在指挥中心，可以实时观察、记录整个施工现场的施工能力与施工进度。同时，给每一辆强夯机安装摄像头，进行实时监控和视频回放，记录强夯次数，保证施工质量。结合自定义函数计算，对趟次和运量进行智能化计算，智慧渣土安全防控平台自动生成统计报表并在大屏上展示数据，如图 1-8 所示。

图 1-8　智慧渣土安全防控平台

2 数字化(智慧)工地的理论基础

2.1 BIM+智慧工地平台

基于BIM（建筑信息模型）和智慧工地平台的应用，可以实现工地的数字化和智能化管理（图2-1）。BIM技术可以建立包含建筑物信息、几何数据、材料属性等三维模型，并与其他相关数据进行集成，提供全方位的建筑信息。智慧工地平台则结合物联网、人工智能等技术，利用这些数据实现对工地组织和管理的优化和升级。

图2-1 智慧工地管理平台

基于BIM和智慧工地平台，可以实现以下功能：
（1）项目管理
通过BIM模型的共享和协作，实现项目各个阶段的计划、设计、施工和交付的管理和协调。

（2）施工过程监控

利用传感器、摄像头等设备实时监测施工现场的情况，包括人员活动、设备运行状态、施工进度等，提供实时数据和预警。

（3）资源调度和优化

基于实时数据和智能算法，优化施工资源的调度，包括人力、材料、设备等，提高资源利用效率。

（4）安全管理

通过视频监控、智能安全设备等手段，监测施工现场的安全情况，及时发现并预防潜在风险。

（5）质量控制

通过BIM模型的可视化和数据分析，对施工过程和成果进行质量检查，提高施工质量。

（6）成本管理

综合利用BIM和智慧工地平台，提高工地的效率、协同性和安全性，减少时间和资源的浪费，实现数字化工地成本管理。

平台管控功能的应用流程如图2-2所示。

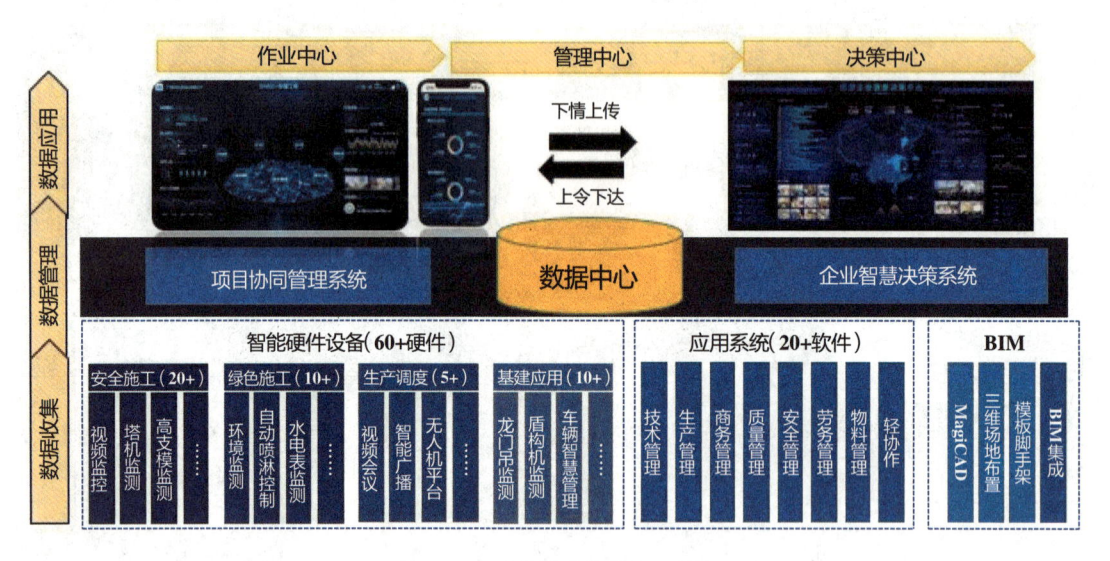

图2-2 平台管控功能的应用流程

2.2 数字孪生

施工工地数字孪生利用数字技术创建一个虚拟的、与实际工地相对应的模型，以模拟和管理建筑工地的各个方面（图2-3）。

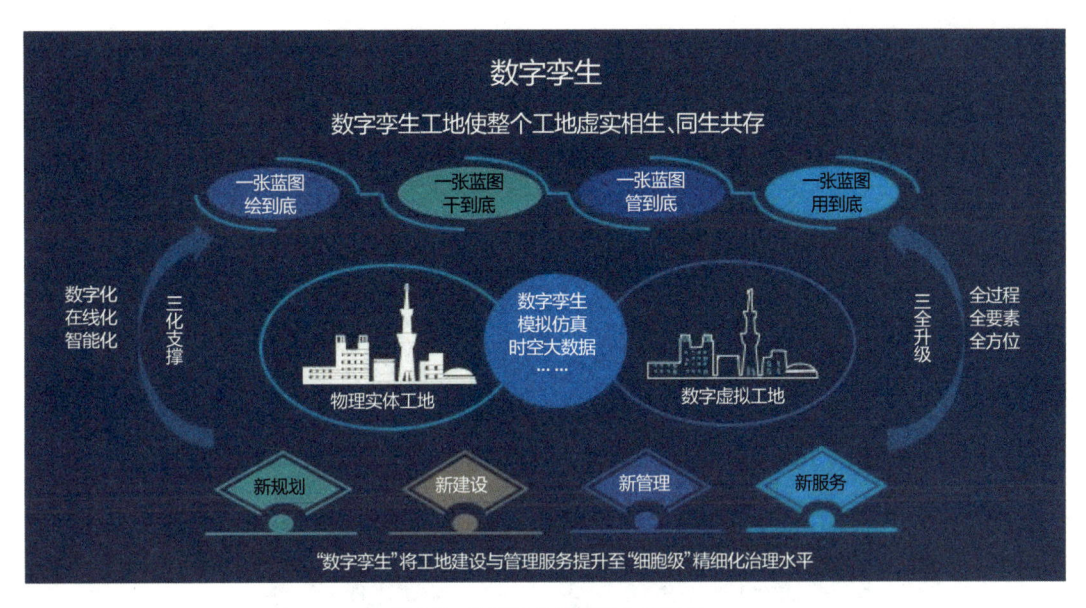

图 2-3　施工工地数字孪生示意图

施工工地数字孪生利用建筑信息模型（BIM）作为基础，将实际工地的数据与虚拟模型进行对应。如此，可以通过数字孪生模型来实时监测、分析和模拟实际工地的状态和情况。数字孪生实现的基础如图 2-4 所示，数字孪生应用场景如图 2-5 所示。

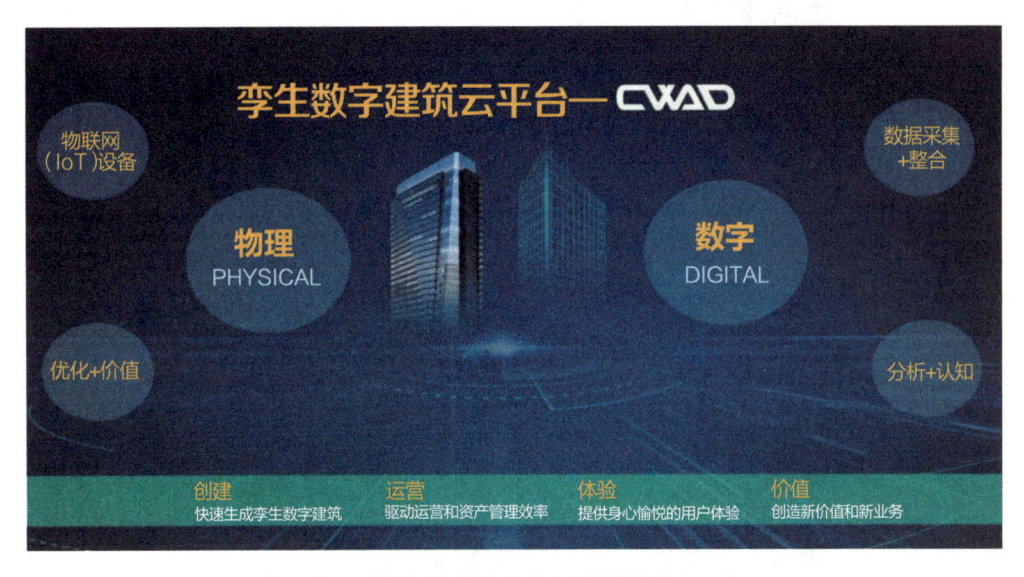

图 2-4　数字孪生实现的基础

数字孪生模型能够帮助管理者更好地了解工地的构建过程、资源使用情况、安全风险和施工进度等。利用数字孪生，可以实现以下 4 个方面的应用。

（1）模拟和优化施工过程

利用数字孪生模型，可以模拟不同施工方案的效果，优化施工流程和资源调配，提高效率和质量。

图2-5 数字孪生应用场景

（2）实时监测和预测

利用传感器和实时数据，数字孪生模型可以实时监测工地的各个方面，包括设备状态、能耗、材料库存等，同时，还可以通过数据分析和建模预测工地未来的情况。

（3）安全管理和风险预警

数字孪生模型可以用于模拟工地的安全风险，识别潜在危险，并提供预警和决策支持，从而提高施工工地的安全性。

（4）协作和沟通

数字孪生模型可以提供一个共享平台，各方可以在其中协作、共享信息，并进行更有效的沟通和合作。

总而言之，施工工地数字孪生利用数字技术和建筑信息模型，可以提供一个虚拟的、可视化的管理平台，实时监测和模拟工地的各个方面，提高施工效率、质量和安全性。

2.3 互联网+物联网（IoT）+智慧运营

互联网+物联网（IoT）+智慧运营是一种综合应用模式，指的是将互联网、物联网（IoT）和智慧运营相结合，实现对各种设备、系统和业务的智能化管理和运营。智慧运营管控平台如图 2-6 所示。

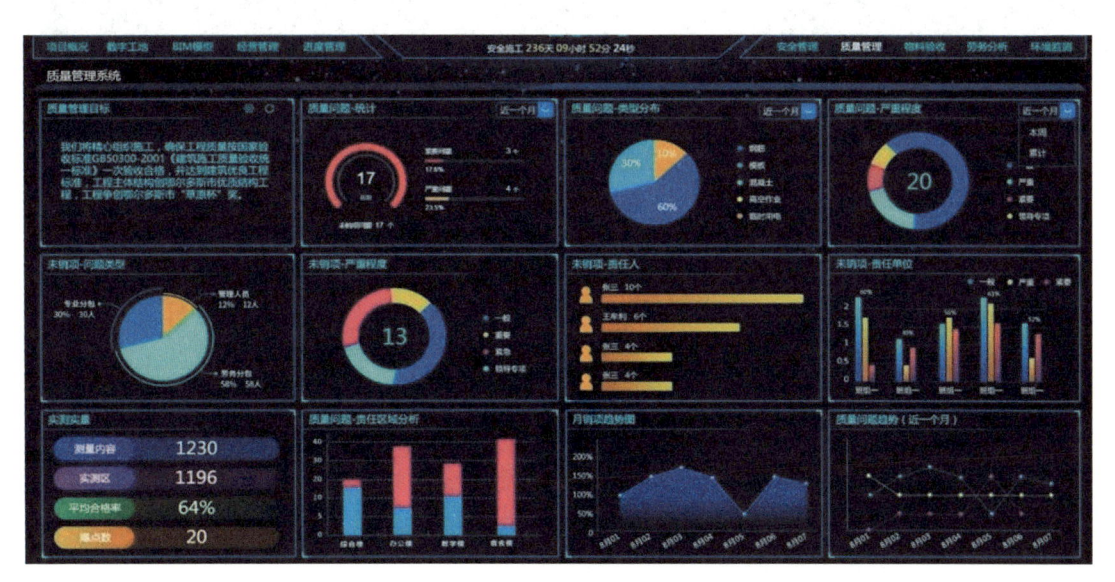

图 2-6 智慧运营管控平台

互联网的应用可以实现设备之间的连接和数据传输，使得各类设备能够相互交互和共享信息。物联网则扩展了互联网的范围，将传感器、设备和物理对象通过互联网连接起来，实现对现实世界的感知和控制。智慧运营则利用数据分析、人工智能和智能算法等技术，对大量的设备数据进行处理和分析，提供决策支持和优化方案，以提高运营效率和降低成本。

在互联网+物联网+智慧运营的模式下，可以实现以下功能。

（1）实时检测与控制

通过物联网设备连接传感器，实时监测设备数据与状态、环境数据等，可以即时掌握设备运转程序并进行远程控制程序。

（2）数据采集与分析

通过物联网设备连接传感器，采集大量的数据，并利用数据分析与人工智能技术，对数据进行分析与挖掘，提供决策支持与优化方案。

（3）远程运维与维护

通过互联网+物联网，可以实现设备的远程监控、故障诊断，减少人力资源的投入与成本。

（4）智能调度与优化

基于数据分析与算法，可以对设备、物流和资源进行智能调度与优化，提高运行效率，降低成本。

（5）个性化服务与用户体验提升

通过互联网和智能设备，可以实现个性化的服务与定制化的用户体验，提升用户满意度与忠诚度。

智慧云平台的项目应用实例如图2-7所示。

图 2-7　智慧云平台的项目应用实例

互联网+物联网（IoT）+智慧运营模式在各个行业都有广泛应用，如智能家居、智慧农业、智慧城市、智能交通等。通过整合互联网、物联网（IoT）和智慧运营的优势，可以实现更高效、智能化的运营管理。

3 数字化(智慧)工地的创新路径

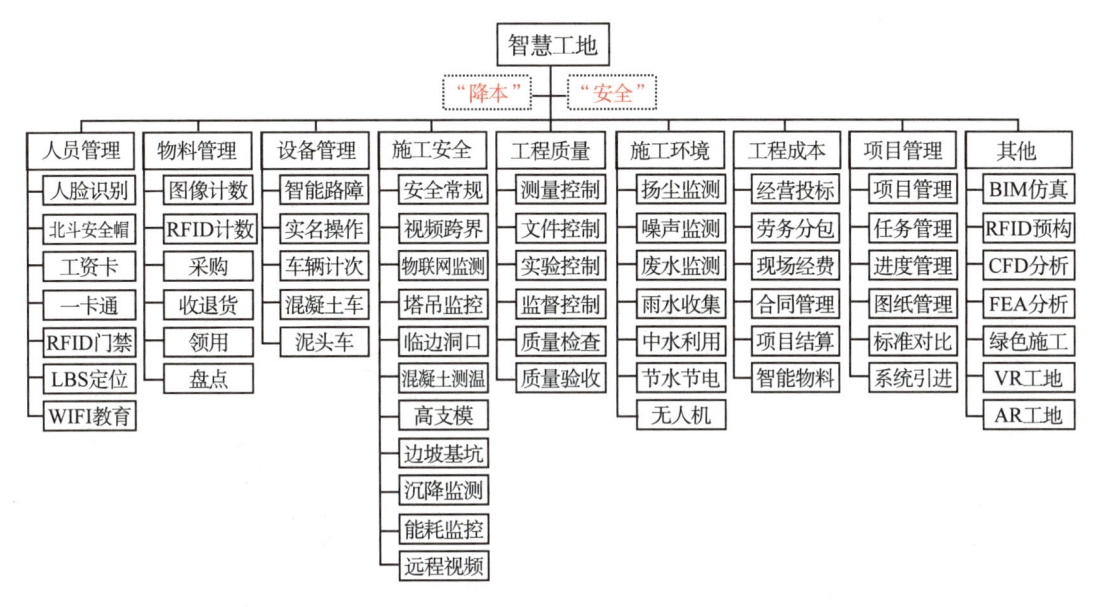

3.1 数字化(智慧)工地组织体系建设

数字化（智慧）工地组织体系的构建旨在通过应用现代信息技术和数字化手段，提升工地管理效率、减少人为失误、优化资源配置，从而实现工地的智能化管理。数字化（智慧）工地组织体系如图 3-1 所示。

图 3-1 数字化(智慧)工地组织体系

通过建立数字化工地管理平台，应用 BIM、物联网和人工智能等技术，可以实现以下 5 个方面的建设。

（1）项目信息管理

建立数字化平台，集成项目的各类信息，包括设计图纸、施工计划、合同文件等，实现信息的共享和协同工作。建设工程项目指挥中心如图 3-2 所示。

图 3-2　建设工程项目指挥中心

（2）物料和设备管理

利用物联网技术，实现对物料和设备的追踪和管理，包括入库、出库、库存管理等，提高材料利用率并控制项目进度。某火电厂物料和设备物联网系统如图 3-3 所示。

图 3-3　某火电厂物料和设备物联网系统

（3）人员管理

通过数字化平台，对现场人员进行考勤、工时统计等管理，并实现任务分配和沟通的便捷化，提高人员协作效率。劳务人员管理平台如图3-4所示。

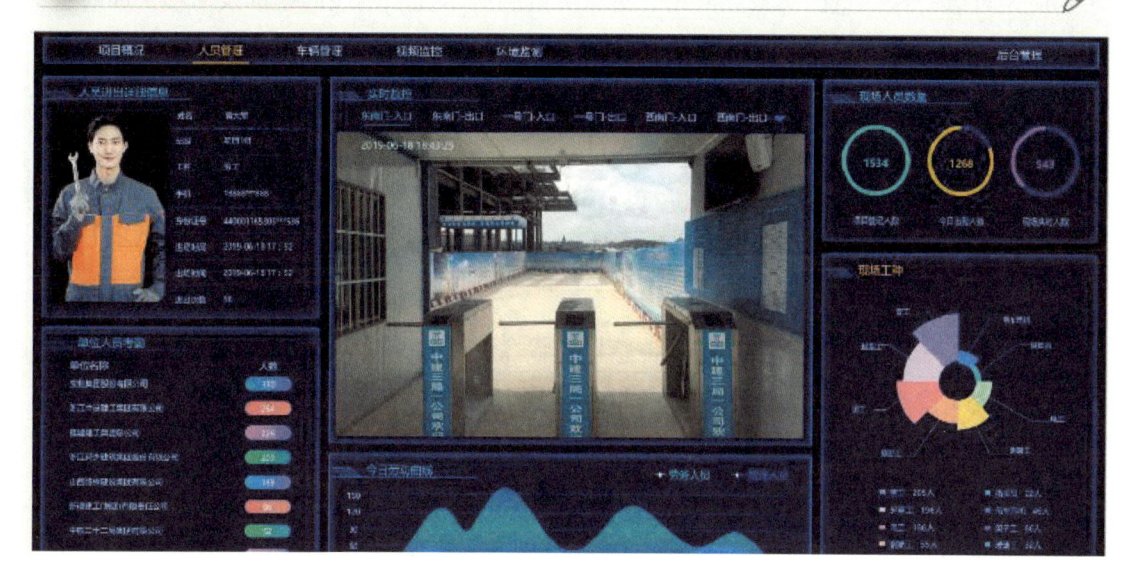

图3-4　劳务人员管理平台

（4）施工进度监控

利用传感器和监控设备，实时监测工地的施工进度、质量和安全状况，提供实时数据和预警，及时采取相应措施。工程进度智慧监控云平台如图3-5所示。

图3-5　工程进度智慧监控云平台

（5）质量管理

利用 BIM 技术和智能算法，对施工过程和成果进行质量检查和控制，提高施工质量，避免质量问题的发生。

随着数字化工地组织体系的建设，工地管理将变得更加高效、精准和安全。数字化技术的应用可以实现信息的集成和共享，提高决策的科学性和响应问题的及时性，同时也减少了纸质文档的使用，降低了成本和环境负担。

在建设数字化（智慧）工地组织体系时，还可以考虑以下几个方面的建设：

①设备管理

利用物联网技术，对工地设备进行远程监控和管理，实时获取设备状态、故障报警等信息，提高设备的运行效率和维护管理的及时性。

②安全管理

通过智能安防系统、视频监控和传感器等设备，实现对工地的安全监控和预警，及时发现潜在安全隐患并采取措施，提高工地安全性。

③能源管理

通过数字化监测和控制系统，对工地的能源消耗进行实时监测和管理，优化能源利用，实现节能减排。

④数据分析与决策支持

通过数据采集和分析，利用人工智能和智能算法，提供对工地运行数据的深度分析，为决策者提供可靠的数据支持，优化工地管理和运行策略。

⑤移动化应用

利用移动端技术，开发工地移动管理应用，使管理人员可以随时随地获取工地信息、处理任务和与现场人员进行沟通。

⑥协同工作平台

建设协同工作平台，促进不同部门和团队之间的协同工作和信息共享，提高工作效率和协作能力。

⑦智能监测与预测

利用数据分析、模型预测和机器学习等技术，对工地运营数据进行预测和优化，提前发现潜在问题，优化工地管理策略。

综合这些方面的建设，可以得到一个高效、智能和可持续的数字化（智慧）工地组织体系，从而能提高工地管理的效率、安全性和可持续性，减少资源浪费，减轻工程项目对环境的影响。

3.2 现场人员管理

在施工现场，有效的人员管理是确保工程顺利进行的关键之一。以下是一些重要的施工现场人员管理方面的建议。

（1）人员考勤管理

建立严格的人员考勤机制，确保所有人员都按时到场、离场。可以使用电子考勤系统或现场签到表来记录人员的到场和离场情况，并及时处理异常情况。

（2）任务分配和沟通

明确每个工作人员的责任和工作范围，并确保他们理解自己的任务。建立良好的沟通渠道，为及时解决问题提供支持，确保任务的顺利推进。

（3）安全培训和管理

确保每个工作人员都接受过必要的安全培训，并了解施工现场的安全规定和操作程序。设立安全巡查和纠正措施，促使人员遵守安全规定，并及时纠正违规行为。

（4）协调与协作

施工现场涉及多个不同的工种和团队，要协调他们之间的工作，并促进合作。建立定期的协调会议，提供有关进度、质量和其他重要事项的更新。

（5）培训和技能提升

提供必要的培训和发展机会，提升施工现场人员的技能和专业水平。这有助于他们更好地完成工作任务，并提高施工现场的整体效率和质量。

（6）奖励和激励措施

实施适当的奖励和激励措施，以鼓励人员的积极表现和出色工作。这可以包括奖金、奖品、晋升机会等，以提高工作动力和员工满意度。

（7）纪律和纠正措施

制定明确的纪律要求，并在必要时实施相应的纠正措施。这有助于维持施工现场的秩序和纪律，并保持工程的顺利进行。

通过有效的人员管理，可以促进施工现场人员的合理组织和协同工作，提高工程的效率、安全性和质量，并最大程度地避免工程问题和工期延误。

3.3 物料管理

施工现场物料管理是确保项目顺利进行和有效利用资源的重要环节。以下是一些优化施工现场物料管理的建议。

（1）物料需求计划

在项目启动前，进行物料需求的计划和预测。根据施工计划和项目需求，确认所需物料的种类、数量和时间安排，以便提前准备和采购。

（2）供应商管理

建立有效的供应链管理体系，选择可靠的供应商，并与其建立良好的合作关系。确保物料供应及时、准确，并协商好交付时间。

（3）入库与出库管理

制定清晰的物料入库和出库流程，对每批物料进行记录和检查。物料应按照种类和规格分类存放，并确保存储条件合适，以防止损坏和浪费。

（4）库存管理

建立库存管理系统，定期对物料进行盘点和调整。根据实际需求和施工进度，合理控制库存水平，避免库存过量或不足。

（5）物料跟踪

利用物联网技术实现对物料的全程追踪。通过条形码、RFID等技术对物料进行标识和记录，实时监控物料的位置和状态，提高物料管理的效率。

（6）损耗控制

合理预估施工过程中可能发生的物料损耗，并采取措施加以控制。例如，加强施工现场的安全管理，减少物料的损坏和浪费。

（7）物料安全与质量

对进场的物料进行质量检查和验收，确保其符合相关标准和规范。设置合适的存放和使用区域，避免物料受到污染或损坏。

（8）信息管理

利用数字化平台和软件应用，录入和管理物料信息，包括物料规格、供应商信息、价格等，确保信息的准确性和及时性。

（9）与项目进度的协调

物料管理应与项目进度保持一致。根据项目进度，合理安排物料的采购和交付，确保施工队伍能够及时获取所需物料。

（10）结算和成本控制

及时记录物料的进销存数据，以便对物料成本进行追踪和控制。确保结算和付款程序合理，避免成本超支和付款滞后。

通过有效的物料管理，可以避免物料短缺或过剩，提高现场施工效率，减少浪费和损失，并确保项目能够顺利按时完成。

3.4　施工安全管理

施工现场安全管理旨在预防和减少施工现场的事故和风险。施工安全监控云平台如图 3-6 所示。以下是一些常见的施工现场安全管理措施。

图 3-6　施工安全监控云平台

（1）安全计划

在施工前制定详细的安全计划，包括施工过程中的安全措施、风险评估和应急预案等。

（2）培训教育

对施工人员进行全面的安全培训，使其了解施工现场的危险性、安全操作规程以及紧急应对措施等。

（3）现场标识

设置明显的标识牌和警示标志，提醒工人注意危险区域和作业要求，如高处作业区、易滑倾倒区等。

（4）个人防护设备（PPE）

发放并强制施工人员使用适当的个人防护设备，如安全帽、安全鞋、防护眼镜、耳塞等。

（5）工具和设备安全

确保施工现场使用的工具、设备和机械设备符合安全标准，并进行定期检修和维护。

（6）施工现场秩序

保持施工现场的整洁有序，及时清除杂物和障碍物，防止意外跌倒、滑倒等事故发生。

（7）现场监控与巡视

加强现场监控，并派遣专人定期巡视施工现场，及时发现并消除安全隐患。

（8）协调合作

施工现场各方应加强协作与沟通，共同制定安全管理方案，并建立安全联络机制。

（9）应急准备

建立健全应急预案和应急救援体系，安排专人负责应急处置工作，并进行定期演练。

（10）安全监管

相关部门应加强对施工现场的安全监管，定期检查并追究不符合安全规定的责任单位和个人的责任。

通过以上的常见施工现场安全管理措施，可以有效保障施工人员的人身安全，减少事故的发生。

3.5　绿色施工管理

（1）施工现场大气污染

施工现场大气污染控制主要聚焦于现场粉尘和气味的治理。施工现场烟尘智能监控系统如图3-7所示。

图3-7　施工现场烟尘智能监控系统

①施工现场设置封闭垃圾站，定期清理施工垃圾。楼层内的施工垃圾由专人进行清理，清理时使用手推车装车后通过施工升降机运输至地面的封闭垃圾站。

②现场配备专用洒水设备，并指定专人负责洒水降尘工作。在易产生扬尘的季节，全天不间断进行洒水降尘。

③水泥等材料存放在专用库房内，现场采用商品砂浆，零星砂石堆放处用防尘网进行覆盖。运料车需遮盖以防止飞尘。

（2）安全防护措施

①制定施工防尘、防毒、防辐射等职业危害的防护措施，长期保障施工人员的职业健康安全。

②合理规划施工场地，保护生活及办公区免受施工活动的有害影响。施工现场建立卫生急救、保健防疫制度，确保在安全事故和疾病疫情出现时能够提供及时救助。

③提供卫生、健康的工作与生活环境，加强对施工人员的住宿、膳食、饮用水等的卫生管理，改善施工人员的生活条件。

（3）土壤保护措施

①保护地表环境，防止土壤侵蚀和流失。因施工造成的裸土应及时覆盖砂石或种植速生草种，以减少土壤侵蚀。对于因施工容易造成地表径流和土壤流失的情况，应采取设置地表排水系统、稳定斜坡、植被覆盖等措施来减少土壤流失。

②确保沉淀池、隔油池、化粪池等不发生堵塞、渗漏、溢出等现象。及时清理各类池内沉淀物，并委托有资质的单位进行清运。

③对于有毒有害废弃物如电池、墨盒、油漆、涂料等，应回收后交由有资质的单位处理，不得作为建筑垃圾外运，避免污染土壤和地下水。

3.6 施工质量事故处理方式及验收标准

施工质量事故处理的方式包括：返工处理、返修处理、让步处理、降级处理及不作处理五种情况。

（1）在检验批验收时，对于严重的缺陷应推倒重来；一般的缺陷则通过翻修或更换器具、设备来解决，之后重新进行验收。

（2）当个别检验批的试块强度等不满足要求且难以确定是否验收时，应邀请有资质的法定检测单位进行检测鉴定。若鉴定结果能够达到设计要求，可通过验收。

（3）当检测鉴定结果达不到设计要求，但经原设计单位核算仍能满足结构安全和使用功能时，该检验批次可予以验收。

（4）对于一般的质量缺陷，经法定检测单位检测鉴定后，若认为不能满足最低限度的安全储备和使用功能，则必须进行加固处理。虽然加固处理可能会改变外形尺寸，但只要满足安全使用要求，即可按技术处理方案和协商文件进行验收，责任方应承担相应的经济责任。

（5）对于通过返修或加固后仍不能满足安全使用要求的分部工程、单位（子单位）工程，严禁进行验收。

4 基于 BIM 和智慧工地平台的应用

4.1 智慧工地平台的优点

（1）提高沟通和协作效率

BIM 可以在一个平台上集成建筑项目的所有相关信息，包括设计数据、施工计划、材料规格等，使各方可以实时共享和查看最新信息。智慧工地平台则可以实时监测施工进度和资源利用情况，加强团队之间的协作和沟通。这些功能都有助于减少沟通中的误解和延误，提高工作效率。施工项目智慧监控平台如图 4-1 所示。

图 4-1 施工项目智慧监控平台

（2）减少错误和冲突

BIM 模型提供了详细的设计信息，支持模拟和分析，能够发现和解决设计与施工中的问题和冲突。智慧工地平台通过传感器和监控设备实时监测施工过程，及时发现问题并采取措施，避免了错误和冲突的发生，提高了施工质量。

（3）提高施工效率和降低成本

BIM 模型可以进行施工过程的优化和模拟施工过程，帮助规划合理的作业顺序、减少浪费、提高工作效率。智慧工地平台可以实时监测施工进度和资源利用情况，及时发现问题并采取措施，有助于减少延误和浪费，提高施工效率，从而降低成本。

（4）强化质量控制和安全管理

BIM 模型支持质量控制的模拟和分析，可以帮助发现和解决潜在的问题。智慧工地平台实时监测施工质量和安全情况，及时发现和处理问题，有助于强化质量控制和安全管理。

（5）进行实时监测和预测

借助智慧工地平台，通过传感器和监控设备可以实时监测工地的各个方面，包括施工进度、能耗、环境影响等。这有助于及时发现问题并采取措施，同时也可以进行数据分析和预测，以改进未来的施工计划和资源配置。

（6）提升现场安全和人员管理水平

智慧工地平台通过人员定位、安全扫描等功能，提升了工地的安全管理水平。实时监测和分析可以识别潜在的安全风险，并及时采取措施避免事故发生。此外，该平台还支持管理工地上的人员进出、考勤等信息，提高了人员管理的效率和准确性。

（7）实现可持续发展目标

BIM和智慧工地平台有助于优化资源利用，减少能源消耗和环境影响。通过更精确的计划和资源管理，可以减少建筑废料的产生，降低能源和水的使用量，并推动可持续材料和技术的应用，有助于实现建筑行业的可持续发展目标。

（8）提供决策支持和数据分析

BIM和智慧工地平台积累了大量数据和信息，这些数据可用于决策支持和数据分析。通过数据分析，可以了解施工进展、资源利用情况、质量控制等方面的细节，以做出更明智的决策和改进施工流程。

总而言之，BIM和智慧工地平台的优点包括能实时监测和预测、提升现场安全和人员管理水平、可持续发展目标的实现，以及提供决策支持和数据分析。这些优点加强了工地的管理和控制，提高了效率和质量，同时也推动了建筑行业向更智慧、可持续的方向发展。

4.2　智慧工地平台的发展趋势

扩展应用领域：智慧工地平台将扩展应用领域，不仅限于传统建筑施工领域，还将涵盖道路建设、桥梁工程、地铁建设等工程项目。平台将进一步整合各类资源和数据，满足不同工程项目的需求。

（1）强化数据分析和人工智能应用

随着数据的不断积累和深入挖掘，智慧工地平台将越来越注重数据分析和人工智能的应用。通过大数据分析、机器学习和预测模型等技术，平台可以提供更准确的预测、优化建议和决策支持，进一步提高工地管理的效率和质量。

（2）加强协同性和整合性

智慧工地平台将加强不同系统和应用之间的协同性和整合性。通过与设计软件、供应链管理系统、人力资源管理系统等的集成，实现全面的信息流和工作流协同，提高工地管理各方之间的协作效率和决策一致性。

（3）智慧工具和设备的普及

随着技术的进步，智慧工具和设备将得到更广泛的应用。例如，无人机、机器人、传感器等智能设备将在工地中得到更多应用，提高数据采集的效率和准确性，减少人为工作量，进一步提高工地管理的自动化程度和安全性。

（4）数字孪生和虚拟仿真

智慧工地平台将结合数字孪生技术和虚拟仿真技术，建立工地的数字副本。通过数字孪生和虚拟仿真模型，可以进行设备和工艺的优化，预测工地中可能出现的问题，提高施工效率和质量。

（5）智慧施工和可持续发展

智慧工地平台将更加注重智慧施工和可持续发展。通过优化资源利用、减少能源消耗和环境影响等方式，实现更节能、更环保的施工过程。同时，注重有效的工人培训和健康安全管理，提高工人的工作生活质量。

（6）5G技术的应用

随着5G技术的成熟和普及，智慧工地平台将能够更好地支持大量数据的传输和处理。5G网络提供了更高的带宽和更低的延迟，为实时监测、远程操作和协同工作等应用场景提供了更好的基础。

（7）边缘计算和物联网的融合

通过边缘计算和物联网技术，智慧工地平台可以将计算和数据处理推向网络边缘，减少传输延迟和网络负担。这将更好地支持实时监测、设备互连和数据分析等功能，提高工地管理的响应性和效率。

（8）虚拟和增强现实的应用

虚拟现实（VR）和增强现实（AR）技术在智慧工地平台中的应用越来越广泛。VR技术可以用于远程协作、培训和设计验证等；AR技术则可以在实际施工中提供数字化指导和实时信息的叠加，改善施工流程和质量控制。

（9）区块链技术的应用

区块链技术可以提供分布式的、不可篡改的数据存储和交互。在智慧工地平台中，区块链可以用于支付结算、供应链追溯、工程数据的共享和审查等方面，进一步提高信息的可信度和安全性。

（10）AI机器学习的发展

人工智能（AI）和机器学习技术将在智慧工地平台中继续发展和应用。AI算法可通过对大量数据的分析来提供预测、优化和决策支持。例如，基于历史施工数据和实时传感器数据，AI可以预测施工进度和质量问题，并提供相应的改进措施。

（11）可持续发展和绿色建筑

智慧工地平台将对可持续发展和绿色建筑的实现起到推动作用。通过优化资源利用、节能减排和环境监测等功能，平台将助力建筑行业向更可持续的方向发展，实现资源的高效利用和环境的保护。

这些趋势将进一步驱动智慧工地平台的发展，使其能够更好地满足工地管理的需求，并推动建筑行业健康、智能、可持续的发展。

4.3　智慧工地平台的应用

（1）实时监测和管理

智慧工地平台可以通过传感器、监控设备和摄像头等技术，实时监测工地的各项情况，如施工进度、设备运行状态、环境参数等。这样可以及时发现问题并采取措施，提升工地管理的效率和可靠性。

（2）人员和设备管理

智慧工地平台可以使用人员定位系统和设备追踪技术，对工地上的人员和设备进行管理和监控；可以实时查看人员位置、考勤记录及设备的使用状况，提升工地的人员管理水平和资源利用效率。

（3）安全管理和风险预警

智慧工地平台可以通过视频监控、安全扫描和传感器等技术，实时监测工地的安全状况，并提供风险预警和警报功能；可以准确识别潜在的安全风险，及时采取措施，确保工地的安全。

（4）资源管理和优化

智慧工地平台可以实时监控工地的资源使用情况，如材料、设备、能源等；可以根据实时数据和预测模型，优化资源的分配和利用，减少浪费现象，提高资源利用的效率。

（5）建筑质量控制

智慧工地平台可以通过传感器和监测设备，实时监测施工质量，如混凝土强度、墙体厚度、水平度等；可以及时发现质量问题，并采取措施进行纠正，提高建筑质量。

（6）数据分析和决策支持

智慧工地平台收集大量的工地数据，可以进行数据分析和建模，为决策提供支持。可以通过对数据的分析，了解施工进展、资源利用情况、风险管理等方面的细节，从而做出更明智的决策。

（7）施工进度管理

智慧工地平台可以帮助管理者实时掌握施工进度，并进行可视化展示。通过数据分析和模拟，可以预测施工进展并作出相应调整，避免延迟和冲突，提高工程项目的准时交付能力。

（8）物流和供应链管理

智慧工地平台可以跟踪和优化物资和设备的供应链流程。通过实时监测和分析物资的流向与库存情况，可以更好地协调物流、控制库存和减少运输成本。

(9）设备维护和维修

智慧工地平台可以对工地的设备进行监测和维护管理。通过传感器和预测模型，可以提前预警设备故障，以便维修人员进行定期维护和调整，提升设备的可靠性和使用寿命。

（10）环境保护和可持续发展

智慧工地平台可以监测和管理工地对环境的影响。通过传感器监控空气质量、噪声水平和能源消耗等参数，可以及时调整施工过程，降低对环境的负面影响，推动可持续发展。

（11）报告和合规性管理

智慧工地平台可以为管理者提供实时的数据和报告，帮助他们了解工地的运行状况并满足相关的合规要求。通过自动生成报告和记录，可以减少繁琐的手工工作，并提供可追溯信息，便于合规性审查和问题解决。

智慧工地平台的应用可以覆盖建筑施工从规划和设计阶段到施工和运营阶段的各个环节。通过综合应用智慧工地平台的各项功能，可以提高工地管理的效率和质量，降低成本和风险，并推动建筑行业的创新和可持续发展。

4.4 BIM 和智慧工地平台的融合应用

（1）设计和施工协同

通过将 BIM 模型与智慧工地平台集成，设计团队和施工团队可以实现实时协作和交流，共享设计变更、施工任务等信息。这提升了设计和施工之间的协调性，减少了误解和冲突，提高了项目的执行效率。

（2）施工现场可视化

借助 BIM 和智慧工地平台，可以将 BIM 模型与实际施工现场进行对比，实现现场的可视化展示。这样可以更好地了解设计意图和施工进度，及时发现并解决问题，提升质量和效率。

（3）进度管理和资源优化

结合 BIM 和智慧工地平台，可以建立全面的进度管理系统。通过实时监测和分析，可以跟踪施工进度、资源利用和任务完成情况。这有助于及时发现延误和瓶颈，并进行资源优化和工期调整，确保项目按时交付。

（4）工人安全和培训

智慧工地平台有助于监测和管理工人的安全状况。通过使用智能个人防护装备、监控摄像头等技术，可以实时监测工人的行为和安全状态，并进行培训和警示。这有助于提升工地的安全性和工人的健康状况。

（5）设备管理和维护

借助智慧工地平台和 BIM 模型，可以实现设备的智能化管理。通过传感器和监测设备，可以实时监测设备的状态和维护需求，并进行预防性维护和计划性修复，以确保设备的稳定运行和延长使用寿命。

（6）数据分析和决策支持

结合BIM和智慧工地平台的数据，可以进行更深入的数据分析和决策支持。通过对施工数据、资源利用和质量控制等方面的分析，可以提供更准确的决策支持，改进工地管理和施工流程。

（7）质量管理

借助BIM和智慧工地平台，可以实时监测和管理施工质量。通过与BIM模型的对比，可以检查施工过程中存在的误差和缺陷，并进行及时纠正。同时，可使用传感器和摄像头等技术，进行质量检测和记录，提高施工质量的可追溯性。

（8）碰撞检测和冲突解决

结合BIM模型和智慧工地平台，在施工过程中可以进行碰撞检测，以识别和解决不同构建元素之间的冲突。通过可视化的方式，可以提前发现并解决可能导致施工延误和成本增加的问题。

（9）工程量与材料管理

利用BIM模型和智慧工地平台的协同作用，可以更准确地进行工程量计算和材料管理。通过与模型匹配，可以自动生成工程量表和材料清单，避免人工操作的误差，并提高成本控制和供应链管理的水平。

（10）合作伙伴协同

借助BIM和智慧工地平台的共享功能，可以实现与合作伙伴之间的实时协同。不同团队和供应商可以在同一个平台上共享设计和施工数据，进行协作和沟通，以便更好地协调工作、解决问题和优化资源利用。

（11）预防性维护和设备追踪

通过将设备与智慧工地平台连接，可以进行设备的追踪和监测。通过传感器和数据分析，可以实现设备的预防性维护，减少突发故障和停工时间，提高设备的可靠性，延长使用寿命。

总而言之，基于BIM和智慧工地平台的应用可以进一步提升建筑施工的效率、质量和可持续性。通过实时监测、协同作业、质量管理和信息共享等功能，可以提高项目的整体管理能力，减少风险和成本，并实现更高水平的建筑工程项目交付。

5 数字孪生三维可视控制技术

数字孪生是指利用数字化技术和数据模型来创建真实实体或系统的数字副本的过程。数字孪生常借助传感器、物联网、人工智能和大数据分析等技术来获取真实世界的数据,并在一个虚拟环境中生成相应的数字模型。这个数字模型可以反映真实实体的外观、行为和性能,可以与真实实体进行交互和模拟。数字孪生可以用于优化产品设计、预测性维护、过程优化等领域,能为企业提供决策支持,有助于企业提高效率、降低成本。数字孪生城市如图5-1所示。

图 5-1 数字孪生城市

5.1 数字孪生三维可视化在建筑行业的发展趋势

数字孪生在建筑行业拥有非常广阔的应用前景。它可以用于建筑物的设计和模拟,帮助建筑师和设计团队在虚拟环境中验证设计方案的可行性和效果。这将显著减少设计错误和成本,并提升建筑物的质量。

数字孪生可以模拟和优化施工过程,提供虚拟的施工场景,帮助工程师和施工人员规划和调整施工活动。借助数字孪生可以预测施工进度、识别潜在的冲突和问题,并提出改进方案，从而提升施工效率和质量。

数字孪生可以将建筑物中的设备进行数字化建模，并与传感器数据实时同步。这有助于实时监测和管理设备的运行状态，对设备进行预测性维护和故障诊断，提升设备的可靠性和效率。

此外，数字孪生可以提供建筑物运营和管理的虚拟环境，协助运营商和管理团队监测建筑物的性能指标，如能源消耗、室内环境质量等，并进行优化。数字孪生有助于建筑物的管理者更好地了解建筑物的运行状况，从而提高运营效率和用户体验。智慧园区数字孪生如图 5-2 所示。

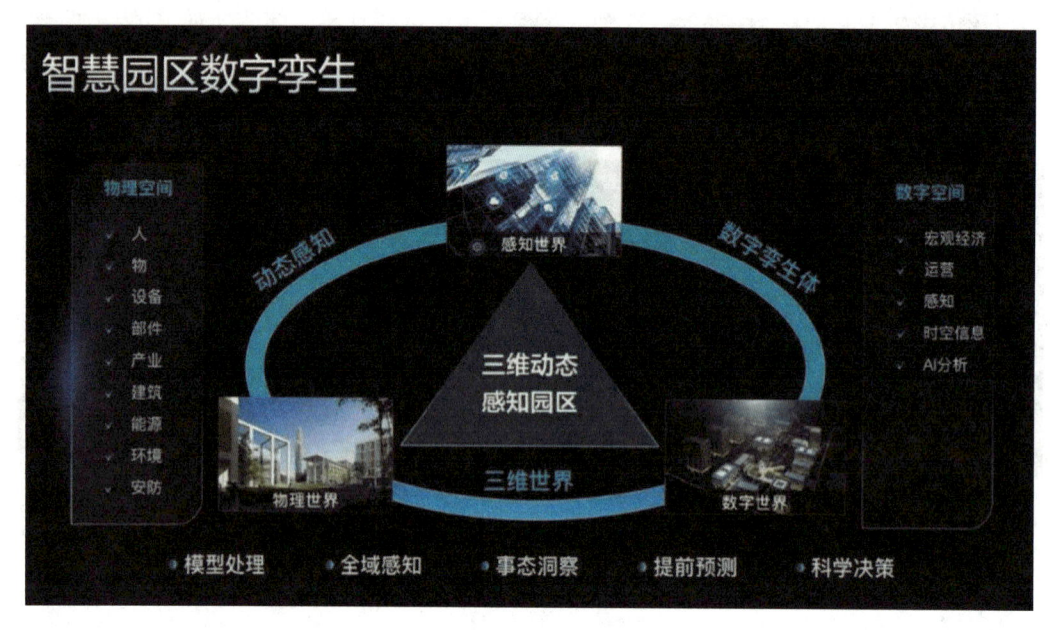

图 5-2　智慧园区数字孪生

5.2　数字孪生三维可视化的优点

数字孪生可以在建筑项目的早期阶段进行设计和规划优化，模拟不同设计方案在现实环境中的效果。通过数字孪生，设计师可以轻松创建虚拟建筑模型，并对其进行多方面的分析，如能耗、采光、结构等。这有助于发现潜在问题、优化设计，并提升建筑的性能。

数字孪生可以模拟建筑项目的各种情况和场景，帮助项目管理者预测可能的问题、风险和机会，并作出相应的决策。例如，通过模拟建筑项目进度和资源分配，可以准确地预测项目完成时间，并进行风险评估和资源优化。

数字孪生可以为施工阶段提供辅助。例如，通过建立可视化的施工进度和模拟施工过程，可以优化施工顺序、减少碰撞和冲突，并提前识别和解决潜在问题。这有助于提高施工效率、降低施工成本,并改善工作场所的安全性。

建筑物竣工后,数字孪生可以提供运营和维护优化的支持。通过连接传感器和监测系统,数字孪生可以实时收集建筑物的数据,并进行分析和预测。这有助于建筑业主和设施管理者优化设备维护、能源管理和人员调度,提高建筑物的可持续性和使用效率。

数字孪生可以提供建筑项目的可视化模型,使团队成员和利益相关者更好地了解建筑的结构、设计和功能。这有助于改善项目沟通、协作和决策过程,并减少误解和错误的可能性。

5.3　虚拟建设与实际建设

(1) 虚拟建设的步骤

对功能需求、空间布局、生活方式和偏好拓展、可持续性和节能性拓展、财务预算、建筑风格和外观、安全和防护需求、储存和空间利用、隔声、未来扩展和改造等方面的考量。

在设计阶段,传统模式下,设计师紧密对照需求分析阶段的要求,并结合BIM建模的支持,不断优化设计方案,确保最终的建筑设计满足项目的质量、安全、可持续等方面的要求。

虚拟项目建设过程的第三阶段是仿真。第一个维度包括设计仿真、施工仿真;第二个维度包括土建仿真、机电仿真;第三个维度包括单专业仿真、系统仿真。

(2) 虚拟建设与实际建设的应用

虚拟建设技术可以模拟和仿真施工过程。施工虚拟仿真系统如图5-3所示,包括设备操作、物流管理和施工顺序等。这种仿真可以帮助施工团队规划并优化施工过程,减少施工期间的错误和冲突,提高施工效率。

图5-3　施工虚拟仿真系统

安装摄像头和传感器等设备,可以实时采集实际建设现场的数据,并将其展示在虚拟环境中。这样,监理人员和管理团队可以远程监测和分析施工进度、质量和安全等情况,及时发现并解决问题。

在复杂的建设项目中,多个团队和承包商之间的协调至关重要。虚拟建设为此提供了一个协同设计和协调平台,使各个团队能够更好地交流、协作和共享信息,节省项目成本和时间。

虚拟建设可以模拟和管理建设项目所需的设备和材料。借助虚拟环境,可以对设备和材料的供应链进行管理和优化,减少资源浪费和工程成本,提高建设效率。

5.4 数字孪生在项目中的应用

(1)数字孪生在绿色低碳高边坡生态循环植生袋的应用

绿色低碳高边坡生态循环植生袋是一种可持续的边坡保护和生态修复方法。数字孪生在此方面可以发挥重要作用,有助于评估、优化和模拟这样的生态植生袋。

第一,数字孪生可以模拟边坡的地质条件、坡度、土壤特性以及水文过程等因素,以评估边坡的稳定性。通过模拟各种草种的根系系统、生长状况和阻抗力等,数字孪生可以优化边坡植生袋的布局和设计,以提升边坡的稳定性和抗滑性。

第二,数字孪生可以帮助设计师选择适合边坡保护的植物物种,评估植物在边坡环境中的适应性和生长状况。数字孪生边坡防护系统如图5-4所示。通过模拟植物种植和生长的可能性,数字孪生可以确定最佳的植被布局和密度,以促进植被的生态循环和边坡的稳定。

图5-4 数字孪生边坡防护系统

第三，数字孪生可以模拟边坡植生袋对水文过程的影响，包括降雨补给、蓄水和涵养等。通过数字孪生，可以评估植生袋在节水和水资源管理方面的效果，并优化其配置和管理策略，以最大程度地提高水资源的利用效率和保护效果。

第四，数字孪生可以模拟边坡植生袋对大气中碳的存储和吸收效应。通过模拟植物的生长和碳循环过程，数字孪生可以评估植生袋的碳汇和减排效应，并帮助设计师和工程师评估植生袋对碳排放的减少或抵消效果。

第五，数字孪生可以帮助管理者制定植生袋的维护计划，并优化资源利用和维护策略。通过模拟植生袋的年度生长、养护和修剪等管理活动，数字孪生可以帮助优化资源分配、工作安排和预防性维护，以确保植生袋的生态效益和边坡稳定性。

综上所述，数字孪生在绿色低碳高边坡生态循环植生袋中具有重要的应用价值。它有助于评估、优化和模拟边坡植生袋，提高边坡的稳定性、生态效益和资源利用效率。借助数字孪生，可以更好地实现绿色低碳边坡保护和生态恢复的目标。

（2）数字孪生在分层超厚强夯施工中的应用

分层超厚强夯施工是一种地基处理方法，常用于加固软土地基或改善土壤工程特性。数字孪生在分层超厚强夯施工中可以发挥重要作用，帮助施工团队评估、规划和模拟该施工过程。

第一，数字孪生可以模拟土壤的力学性质、本构关系和工程特性等。通过模拟针对不同层次的地基土壤的强夯处理，数字孪生可以预测强夯后土壤的改善程度和工程特性的变化。这有助于评估强夯处理对土壤的影响，并调整施工参数和方案以满足设计要求。

第二，数字孪生可以模拟不同的强夯工艺和施工方案，包括夯击频率、夯击能量和夯击次数等参数的设置。通过模拟夯击过程和土壤的变化，数字孪生可以优化强夯工艺和施工方案，以达到最佳的地基改良效果。

第三，数字孪生可以帮助评估已完成的强夯处理的效果，并预测未来土壤的变化和工程特性。通过模拟土壤的夯击累积过程和施工阶段的变化，数字孪生可以提供实时的反馈和批判性评估，帮助施工人员调整施工策略以达到更好的工程效果。三维可视施工技术如图5-5所示。

第四，数字孪生可以与实际施工过程进行比对，并提供实时的施工监测和质量控制。通过与现场实际数据的对比，数字孪生可以检测到施工过程中的潜在问题，并及时提供建议和改进措施，以确保施工质量和工程效果的达标。

总而言之，数字孪生在分层超厚强夯施工中发挥着重要作用。它可以帮助工程师评估土壤力学特性和工程特性的变化，并优化强夯工艺和施工方案。通过数字孪生，施工人员可以实时监测施工进展，并预测施工效果。这将有助于提高施工质量，减少土壤处理成本，并确保地基改良的有效性。

图 5-5　三维可视施工技术

（3）数字孪生在碳排放与扬尘监控报警方面的应用

数字孪生在碳排放和扬尘监控报警方面具有很大的潜力和应用价值。碳排放监控系统如图 5-6 所示。以下是数字孪生在此方面的主要应用场景：

第一，数字孪生可以模拟和分析建筑、工厂或机械设备的碳排放情况。通过模拟建筑物、工厂或设备的能源消耗情况，数字孪生可以预测碳排放量，并比较不同方案或措施对碳排放的影响。这有助于评估和优化碳减排策略，以减少对气候变化的负面影响。

图 5-6　碳排放监控系统

第二，数字孪生可以模拟建筑工地、挖掘、交通道路等扬尘污染源的扬尘情况。通过模拟风速、土壤条件、扬尘源的位置和强度等因素，数字孪生可以预测扬尘的传播路径和浓度分布。这有助于评估和优化建筑工地或交通道路的扬尘控制措施，减少空气污染对人体健康和环境的影响。

第三，数字孪生可以与实际监测数据进行对比，并提供实时的监测报告和决策支持。通过与现场监测数据的比对，数字孪生可以帮助识别并解决潜在的碳排放或扬尘问题，并提供改进措施和建议。这有助于监测机构和决策者制定更有效的环境管理政策和控制措施。

第四，数字孪生可以进行风险评估，模拟不同风险因素对碳排放和扬尘的影响，并提供应急响应预案。通过模拟应急情景和变化，数字孪生可以帮助相关部门评估风险并采取相应的措施，以避免或减轻碳排放和扬尘带来的负面影响。

综上所述，数字孪生在碳排放和扬尘监控报告方面有着广泛的应用潜力。它可以帮助评估碳排放和扬尘的影响，优化控制措施，并提供监测报告和决策支持。借助数字孪生，相关部门和决策者可以更好地了解和管理碳排放和扬尘问题，以实现可持续发展和环境保护的目标。

5.5 数字孪生三维可视化在工地场景中的应用

交互动画在建筑环境性能模拟中的内容主要包括：建筑室内采光、通风组织、热舒适性等，室外的场地交通系统、光污染、建筑周围的声环境、热环境、室外景观布置等，以及建筑系统本身的适应性、保温性能和耐久性等方面的动画模拟。此外，交互动画在建筑环境性能上的模拟还包括建筑环境负荷的模拟，如对生态多样性的影响，对能源、建筑材料、水、土地等各种资源的消耗，以及污染物排放、日照、光污染、风害、热岛效应、基础设施负荷等对周边环境的冲击等方面的动画模拟。

建筑环境性能的好坏通常在设计阶段就已经基本确定，这些性能指标直接关系到使用者的舒适度、建设成本、运营维护成本及能耗等。然而，以往由于缺少合适的技术，大部分项目以合规验算和定性分析为主要手段，设计完成甚至施工图出具后才进行分析计算。这样很难充分利用自然通风、日照等自然资源，难以充分满足使用者的舒适要求。一旦发现设计存在问题，通常需要大量整改，造成浪费。

（1）项目景观分析

不论是商业地产项目还是住宅地产项目，环境景观均为项目定位的重要因素。电脑效果图在项目的开发前期，尤其是在项目的营销阶段，起到至关重要的作用，是对项目形象的一个最直观的展示。但是，电脑效果图具有很大的随意性，尤其缺乏数据支撑，很难做到与真实情况一致，有时甚至为了视觉效果而牺牲真实性。如今，更多的业主和开发商对效果图的客观性提出了更高的要求。

应用数字孪生三维可视化技术,将项目三维模型与环境场景位置精确定位后,可以从价值高的景观反算出项目各位置对于该景观的可视度。根据需要,可以选择模型中的任意位置,如窗户、阳台等,经过软件分析计算,得出景观物体在这些位置的景观可视度数据,并通过颜色、数值等多种表现形式直观地展现其景观可视度情况。

（2）建筑环境日照分析

国家已经在建筑设计相关规范中规定了日照标准。随着人们对居住品质要求的不断提高,日照问题也愈发受到重视。对于地产开发而言,日照情况的好坏也决定了房屋价值的高低。因此,如何合理利用土地资源,通过科学的手段设计出日照情况良好的方案,是地产开发的重要环节。

目前,比较常见的方法是多方案比较。由于每一个方案都需要大量时间制作,因此对比方案的数量有限,大多数情况下还得靠经验来主观衡量,从而导致日照的准确性不够理想。另一个问题是,目前的建筑设计还是以二维设计为主,对于体型比较复杂的建筑物,常规的日照计算软件可能存在较大误差,这将留下日照纠纷隐患。

数字孪生三维可视化技术的引入,极大地提高了日照计算的效率,尤其是提高体型复杂的建筑物的日照精确度。计算效率的提升,也使多方案比较变得相对容易实现。只要具备项目的地理位置、朝向等信息,把项目概念模型放入地形图中,就可以计算出任意时间的日照情况。由于建筑概念模型具备拉伸、旋转、变形等参数化控制,可以根据日照计算结果及时地调整模型,而关联的面积、容积率等数据也会随之变化。这样可以及时地获取不同设计方案的日照结果、面积、容积率等数据。

数字孪生建筑日照分析如图5-7所示。

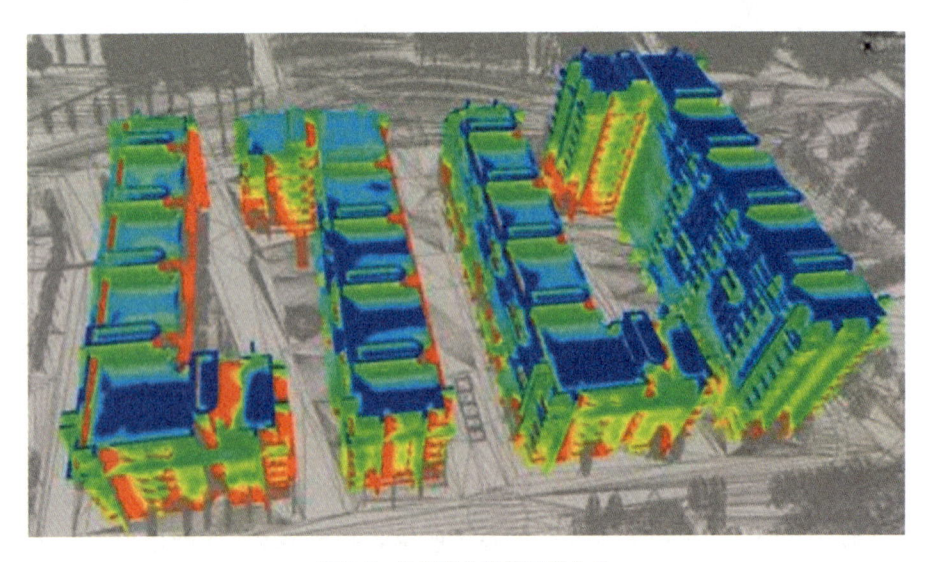

图 5-7 数字孪生建筑日照分析

（3）建筑风环境分析

随着都市建筑的高度密集化和高层化,建筑物之间的风环境相互作用变得越来越重要。

建筑外部环境对建筑内部居住者的生活也有着重要影响，如建筑小区二次风、小区热环境等问题日益受到人们的关注。改善建筑物外环境的空气自然流动，可避免局部产生不利于室外活动的风环境，改善外部空气质量，保障室内良好的自然通风。智慧通风模拟系统如图 5-8 所示。

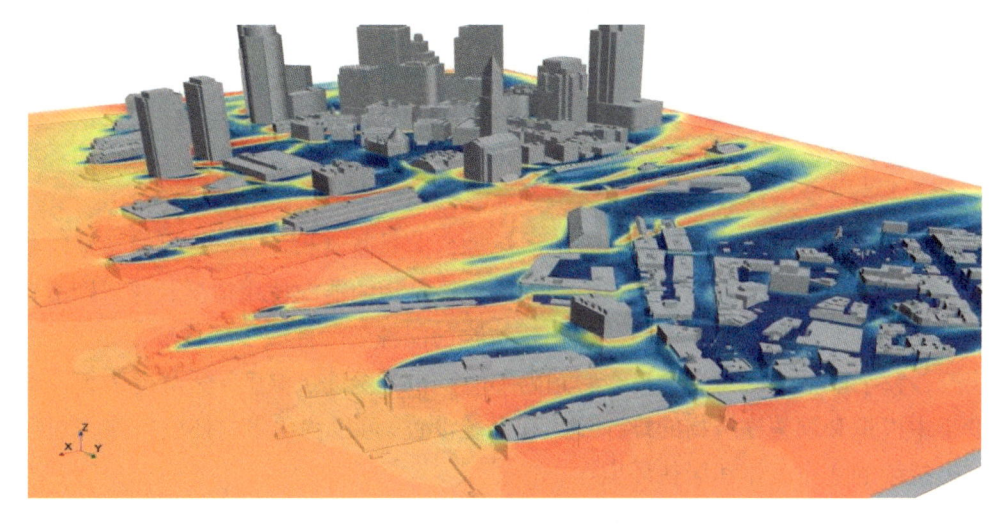

图 5-8　智慧通风模拟系统

因此，在项目规划设计时，应先进行项目环境的风环境分析。先建立周边环境的基本体量模型，再加上项目本身的方案模型。根据当地的气象数据，进行风环境模拟分析，得出空气的流动形态，然后再进行设计调整。风环境模拟分析的主要内容包括：空气龄、风速和风压。通过合理运用数字孪生三维可视化技术，可以方便、快捷地对建筑内、外环境的气流流场进行模拟仿真。同时，可以形象直观地对建筑内外环境的气流流动形成的流体环境做出分析和评价，并及时地调整方案。这有利于规划师、建筑师在方案设计的时候全面、直观地把握环境影响因素。

（4）建筑环境噪声分析

随着城市建设的加快，建筑密度增大，道路上行驶的汽车增多，城市噪声污染也愈加严重。

项目环境噪声分析是指将项目周边已存在且无法改变的现状，如道路、人群活动密集的广场、娱乐场所等产生噪声较大的噪声源，放入项目模型中进行分析模拟。通过创建数字孪生三维可视化分析模拟，最终通过数字孪生三维可视化模拟出受噪声影响较严重的区域，再进行一定的特殊处理来进一步改善整体项目的噪声环境。

（5）建筑环境温度分析

我国的设计规范要求室内温度夏季在 24℃～26℃，冬季在 16℃～20℃。然而，如果要采用人工的温度控制措施，需要消耗大量的能源。

项目环境温度分析主要包括两项工作：一是项目区域的温度分析；二是室内温度分析。通过建立项目区域建筑三维模型，并结合相关气候数据属性，使用数字孪生三维可视化技术分析模拟出项目区域的热环境情况。根据分析结果，调整环境设计，如调整建筑物布局、改善自然通风路线、增加水景和绿化等措施，以降低局部区域温度。对于室内温度分析，在建筑的交互式动画中导入建筑围护结构的热特征值，如导热系数、比热、热扩散率、热容量、密度等数据，除了进行常规的冷热负荷计算外，还可进行全年的室内温度分析。通过优化室内温度的设定值，进而优化供暖和制冷系统，实现在满足舒适度的前提下减少能源消耗。

（6）绿色建筑分析

数字孪生在绿色建筑分析中发挥着重要作用，它可以最大化地实现建筑物的环境可持续性。

第一，数字孪生可以对建筑物的能源消耗进行实时监测和分析。通过模拟建筑物的能源系统、传感器和控制系统，数字孪生可以预测建筑物的能源使用情况，并识别潜在的能源浪费点。这有助于制定节能措施，优化建筑物的能源效率并减少碳排放。

第二，数字孪生可以模拟建筑物的室内环境，包括温度、湿度、采光等方面。通过在数字孪生中模拟和调整建筑物的设计参数和系统设置，可以优化室内环境条件，提供舒适、健康和可持续的室内工作和居住环境。

第三，数字孪生有助于评估和选择可持续性建筑材料，并优化其使用。通过数字孪生技术，可以评估材料的环境影响、耐久性和可再生性，并与其他材料进行比较。此外，数字孪生还可以帮助优化材料的循环利用和废弃物管理策略，以降低对资源的消耗和环境影响。

第四，数字孪生可以模拟和评估建筑物的整个生命周期，包括设计、建造、使用和拆除阶段。通过数字孪生技术，可以评估不同设计决策和策略对建筑物的可持续性和环境的影响，并帮助决策者做出更可持续的选择。

第五，数字孪生可以模拟和优化建筑物的空间布局和使用方式。通过数字孪生技术，可以分析不同空间布局和使用策略对建筑物能源效率、室内环境和人员流动的影响。这有助于优化空间设计策略，提供高效、舒适和可持续的建筑环境。

总而言之，数字孪生在绿色建筑分析中提供了准确、全面和实时的数据分析和模拟能力。它帮助设计师和建筑师评估和优化建筑物的能源效率、室内环境、材料选择和循环利用策略，并提供基于数据的决策支持，以实现可持续性更强的建筑设计和运营目标。

6 互联网+物联网(IoT)智慧运维平台

互联网+IoT智慧运维平台是指结合互联网技术和物联网技术，实现对各种设备、传感器和数据的集中管理和分析的平台。它可以通过连接各类设备和传感器，实时采集数据，并利用云计算进行数据分析和处理，从而实现对设备和系统的远程监控、管理和优化。

互联网+IoT智慧运维平台可以应用于各个行业，如智能家居、智慧城市、工业自动化等。它能够实现多设备的互联互通，并通过数据分析和算法模型优化，进行智能化的决策和控制。例如，在智慧家居中，可以通过智能设备和传感器监测室内环境，控制家庭电器的开关和调节，并提供智能化的家居服务。

这种智慧运维平台可以提高设备的运行效率和管理水平，减少资源的浪费和成本的支出。通过实时监控和数据分析，可以及时发现设备故障和异常，以便提前进行维修和优化，保障设备的正常运行。同时，通过智能化的决策和调度，可以提高生产效率和质量，提升用户体验和满意度。

总的来说，互联网+IoT智慧运维平台是一种集成了互联网和物联网技术的智能化管理平台，能够对各种设备和数据进行集中监控和管理，实现智能化的决策和优化，提高运营效率和用户体验。

6.1 智慧运维管理平台

智慧运维管理平台是建筑智能管理平台，它通过采用BIM+物联网技术，将数据赋能到BIM模型中，通过BIM模型进行立体监管，实时全面采集生产设备运行状态数据及流量、使用等数据，并进行数据汇总管理。通过传感器和检测系统，实时监测水电气等使用情况。如果遇到水龙头未关或漏水情况，传感器会将信息直接反馈到平台，就可以自动关闭水阀，或者自动报警漏水点，以便第一时间进行维修，电气系统也是如此，从而达到节能减排的目的。在建筑保洁、保安方面，利用物联网技术，通过智慧运维平台控制机器人实现保洁和安全维护。此外，还可以智能管理电梯，实时监测电梯等设备的运行状况，如遇故障，首先保障人员安全，自动打开电梯门，在平台汇报故障信息，让维修人员在第一时间到达现场并进行维修。通过智慧运维管理服务平台，真正实现智能化物业管理。

（1）软件系统

①数据采集与处理系统

负责对硬件设备采集的数据进行处理和分析，并将处理后的数据传输给其他模块。

②预警和报警系统

根据数据采集与处理系统获取的数据实现水量等方面的预警和报警功能。

③用水量监测系统

对各类用户的用水行为进行监测分析，实现对用户用水的管控。

④综合管理系统

对整个系统进行资源统筹调度，实现对水资源的合理调配。

⑤实时监控

通过物联网技术，实时采集相关设备、系统等的数据，并进行处理分析，从而实现对设备运行状态、能耗情况等信息的实时监控。

⑥多维分析

通过大数据技术，将所采集到的数据进行深度挖掘和分析，形成多维度、多角度的数据视图，为决策者提供更全面、准确的信息支持。

⑦智能预警

通过机器学习等人工智能技术，对设备运行状态进行预测分析，提前发现潜在故障和异常情况，并及时进行预警和处理。

（2）系统优势

①实时性强

系统通过采集各项传感器的数据，能够实时监测能源使用状况。

②准确性高

通过数据分析和处理，实现对用户用水、用电、用气情况的精准监测和管控。

③智能化程度高

系统整体采用智能化的技术方案，具有自动化和智能化的特点。

④灵活性强

系统具有较强的可扩展性和可定制性，可以根据不同城市的实际情况进行定制和改进。

6.2　智慧运维技术体系

（1）安全隐患分析与风险管控系统

将工业无线Wifi、智能识别、虚拟现实、人员定位系统、移动互联、互联网大数据等设备和先进技术融入安全管理体系，搭建安全隐患管控服务平台，完成安全性业务流程闭环控制管控、现场流程管理标准制定、安全性数据信息深层发掘、风险性合理监管预防，保证工作过程安全性、工作行为安全性和系统软件设备安全性。

（2）智能化检修过程管控系统

构建安全体系型的检修过程智能化管控管理体系，智慧水电能源管理云平台以检修标准化为核心，融合线上与线下互动方式，为设备检修提供多层次的指导支持，对发电设备维护保养和检修过程各环节进行专业化、标准化的管理，对检修加工工艺、流程、工作人员分配持续改进提高，为文明安全生产制造标准化奠定基础。

（3）设备项目生命周期智能管理系统

以设备完好标准化为核心，搭建基于互联网技术的设备项目生命周期管控服务平台，对发电设备运作、维护保养及检修的每个过程进行标准化、垂直化、智能化、可视化管理，确保现场生产制造设备的运作、维护保养等相关管理技术规范切实落实，确保设备稳定运作。

（4）互联网大数据诊断服务平台

通过分析数据进行标准挑选，进行典型工作状况下的数据信息横纵对比，处理生产制造管理者在进行能耗等级分析时因负载变化、天气变化等问题带来的影响，完成设备特性诊断、性能剖析、主要指标值参数点评、检修前后评估等功能，并出具相对应的诊断报告。

（5）智慧运维监控系统

采用工业生产大数据挖掘算法，融合现代化的监测系统和方式，智慧水电能源管理云平台对厂区关键经济数据进行精确测算和数据可视化监控，合理且形象地对现场生产制造情况进行即时反馈，为能耗指标值的监测和诊断分析提供准确的信息支持。

（6）5G多媒体通信技术应用

维修工作人员持有5G移动终端即可现场制定维修方案，在应急指挥时将现场情况（声音、视频）传回指挥中心，还可进行双向语音交流等。拥有5G网络移动终端，维修人员可以不受办公地点的限制，真正实现无纸化全程智能监管。系统可以很好地为现场维修人员提供维修信息服务。

6.3 智慧运维管理的优点

（1）数据驱动决策：智慧运维管理通过数据收集、分析和可视化，将大量的实时和历史数据转化为有意义的信息。这使得管理者可以更准确、科学地做出决策，并及时调整运营策略，提高效率和产出。

（2）实时监测和预警：通过物联网和传感器技术，智慧运维管理可以实时监测设备、供应链、生产过程等各个环节的运行状态。一旦发生异常情况，系统可以立即发出预警信号，以便及时采取措施避免问题进一步发展，提高生产运行的稳定性和可靠性。

（3）资源优化和节能减排：智慧运维管理通过实时数据监控和分析，可以帮助发现资源浪费和能源消耗过多的问题，并提供相应的优化建议。通过优化生产排程、提高设备利用率，可以最大限度地利用资源，减少能源消耗和废弃物产生，降低成本和环境影响。

（4）故障预测和维护优化：智慧运维管理通过机器学习和数据分析，预测设备故障和维护需求，提前规划维修和保养计划。这样可以减少突发设备故障造成的停工和生产损失，提高设备的可用性和生产效率。

（5）实时协同和沟通：智慧运维管理利用网络和移动通信技术，实现各个部门和团队之间的实时协同和沟通。不同岗位的员工可以通过共享数据、任务分配和实时通信等功能，高效协作解决问题，提高工作效率和团队协同性。

（6）提高安全性和风险管理：智慧运维管理有助于提高工作场所的安全性和风险管理能力。通过实时监测和分析数据，在发生安全问题或风险事件时能够快速识别，并采取预防措施和紧急应对措施，保障员工的安全和生产环境的稳定。

（7）提高客户满意度：智慧运维管理有助于企业更好地了解客户需求，通过实时数据和分析，及时响应客户的需求和反馈。同时，通过优化生产和供应链管理，可以提供更快速、准确的交付和服务，提高客户满意度。

（8）创新和不断改进：智慧运维管理鼓励创新和不断改进。通过数据分析和可持续改进方法，管理者和员工可以发现潜在的改进机会、瓶颈和问题，提出创新解决方案，优化业务流程和服务质量，不断提高企业的竞争力和市场份额。

（9）预测和市场洞察：智慧运维管理基于大数据分析的能力，有助于企业预测市场走向和趋势，获取更多市场机会。通过对销售数据、消费者行为、市场趋势等的分析，企业可以做出更准确的决策，制定更精准的市场营销策略，提高产品推广效果和市场份额。

（10）强化合规和监管要求：智慧运维管理有助于企业达到合规和监管要求。通过数据收集、记录和分析，企业可以更好地跟踪和证明自身符合法律法规和行业标准，遵守相关的法规要求，减少合规风险和潜在的法律问题。

（11）可持续发展和绿色运营：智慧运维管理可以促进可持续发展和绿色运营。通过优化资源利用和能源消耗，最大限度地减少浪费和环境影响，推动企业转向更环保、可持续的经营模式。这有助于提高企业形象和声誉，吸引更多环保意识强的客户和合作伙伴。

综上所述，智慧运维管理的优点包括提高客户满意度、能创新和不断改进、能预测和洞察市场、能强化合规和监管要求，以及能实现可持续发展和绿色运营。通过应用智慧运维管理，企业可以实现更高效、创新和可持续的运营，提升企业竞争力和市场份额。

6.4 互联网+物联网(IoT)智慧运维管理在建筑场景中的应用

通过先进的云计算、大数据、物联网等先进技术，打破全面感知和智能控制的设备与业务应用的壁垒。这让建筑更加智慧，管理更加高效。平台将原本孤立的设备控制系统通过有效的系统集成方式管理成信息化子系统，形成一个能够在互联互通中实现子系统统一自控和联动关联，形成优势互补和协同作用的云平台，从而使建筑具备可持续发展的生命力。

（1）智慧供水系统

供水系统是供水企业的核心资产，以供水管网为纽带，通过物联网感知技术、云计算技术、GIS地理信息技术，实现供水产业各基础设施、设备等生产要素数据的自动采集、信息互联和融合分析，建立供水系统实时监测、智能控制、智慧运维服务体系，实现供水企业生产流程、服务流程的动态、精细管理。

（2）智慧楼宇

智慧楼宇能源运营系统（Albert EOS）利用AI、现代网络技术、计算机技术和多媒体技术等数字化技术，搭建开放的能源运营平台，对周边的智慧空间、资产以及人进行个性化分析，实现人与设备的双向交互，支持跨系统数据互通，集成多源数字化系统，便于安装，服务于大型公共建筑、医院、商业综合体、工厂、数据中心、机场车站等多领域，能大幅提升各领域的运营水平。

（3）智慧校园消防监管平台

智慧校园消防监管平台通过物联网技术连接校区内各个消防基础设施部件，实时收集各类消防相关水系统、报警主机等数据，完成各类消防参数的采集、存储、处理、报警、展示、报表、定位、联动等功能。结合消防设施及巡查，实现可视化管理和消防人员值班精细化管理，及时把消防隐患消灭在萌芽状态。

（4）节水技术

节水技术是指一切能够节省水资源或在相同用水量下获得更多回报的工艺技术措施和管理手段的总称。节水技术大致可以分为以下4类：

①水资源的合理开发、收集和优化利用技术。

②在用水过程中，通过各种工程技术手段、管理手段，达到节水目的的技术。

③使用后的废水回收再循环技术。

④对恶劣水质的水进行改造，改变其功能，使之成为可用水的技术。

多年来，人们在生产和生活实践中，研制、开发、总结出了众多的节水工程技术、节水产品和技术方法。例如，农业水资源开发与优化利用方面的雨水集流技术、劣质水利用技术、灌溉回归水利用技术、井渠结合互补技术、储水灌溉技术；城市生活中的中水道技术、感应式节水器；工业领域的水循环利用技术；农业灌溉的污水农灌技术等。

7 数字化(智慧)工地的构建与实践案例

7.1 工程案例概况

(1)项目概况

项目总用地面积为 5.45 km²。本期工程的主要任务是对土地进行平整。工程施工范围大,项目作业范围超过 3 km×3 km 的区域;同一时间作业机械多,高峰期施工机械超过 1000 台;施工人数多,工人来源渠道广;施工期限紧,需要在 18 个月内完成施工;危险作业区域多,需要爆破多个山头,填方区存在滑坡危险。

云南建投第三安装工程有限公司结合物联网、云计算、大数据等技术,自主研发了智慧渣土安全管理平台,根据现场施工的特点与管理上的要求,进行智慧工地建设。

鉴于项目工程量大,工期紧,平台根据每日的工程进度,对土方、爆破、强夯、挡墙等工程数据自动记录与汇总,工程进度一目了然。系统根据每家施工企业的工程量与工期要求,以及历史工程量进度,对工程进展进行预测,判断工期将会延期或提前,辅助指挥中心对施工机械、施工人数、施工时间进行有效的调整。

本项目主要内容包括:视频监控系统、照明系统、闸机人脸识别系统、扬尘监测系统、边坡监测、高精度定位、强夯机监控。

施工重点、难点如下:

①施工主要路口较多,外来人员与车辆流动性较大,给施工过程的车辆、人员和疫情防控管理带来巨大困难。

②爆破区域较多并同时进行,工程施工作业范围大,给安全防护、疏散人员带来巨大困难。

③施工工期紧,施工范围大,每月对分包队伍下游产值计量存在困难。

④施工内容多,协调难度大,施工过程中无法连续施工,造成材料、人员反复入场、出场。

(2)政策与集团要求

2021 年 7 月,红河州人民政府发布《红河哈尼族彝族自治州国民经济和社会发展第十四个五年规划和二〇三五年远景目标纲要》,提出打造千百亿级产业,优化区域重点产业链布局,重点培育先进制造业、有色金属及新材料产业、高原特色现代农业、旅游文化业、现代服务业等千亿级产业和烟草、绿色能源、数字经济、生物医药、房地产、节能环保等百亿级产业，提升各类产品的质量、品牌影响力，形成特色鲜明、优势突出、效益明显的现代产业体系。

泸西工业园区位列云南省级工业园区之一，是红河州唯一的省级工业园区，将向着集制造、物流、商贸、服务为一体的综合型工业园区发展。泸西工业园区规划形成"一园四区"的整体空间结构，目前生物食品加工片区、轻工物流片区与重化工片区已初步形成。在此阶段提出高端铝产业碳中和示范园的建设，既能有力推动泸西工业园区整体空间结构的形成，又能助力泸西工业发展迈上新台阶，同时为云南省乃至全国的绿色制造提供示范。

建投集团董事长陈祖军高度肯定了集团上半年生产经营、投资融资、改革发展、开拓市场、防风化债、党的建设、党风廉政建设等各项工作取得的成绩。他指出，下半年，集团将坚持以习近平新时代中国特色社会主义思想为引领，认真贯彻党中央的重大要求，深入践行作风革命、效能革命，进一步坚定信心，抢抓机遇，用非常之策，持非常之举，拼非常之力，担非常之责，以顽强的行动力、战斗力、意志力抓工作，以结果、业绩、数据论英雄，以对组织和历史高度负责的态度，以砥砺前行的姿态和一往无前的勇气，加足马力奋战三季度，再接再厉决胜四季度，致力构建"质量建投""绿色建投""数字建投""清廉建投""幸福建投"，助推集团内涵式高质量发展。

（3）建设需求

现有泸西县碳中和示范产业园工地监控需求，需对工地范围内进行整体监控。利用数字信息化平台对工地现场机械设备、边坡监测与预警、安全爆破、扬尘监控、施工进度实现一张图管理，利用车载视频记录仪对强夯机实行质量监控管理。

（4）建设内容概要

智慧建造系统分为前端数据采集系统、网络传输系统和后端集中管理平台三大部分。前端数据采集子系统通过GPRS、4G、5G、蓝牙、有线网络等多种传输模式上传至数据中心，实时准确地将施工机械运行状况、工地现场环境、进出工地人员信息和施工管理人员工作情况采集并上传至数智建投平台后台管理系统；网络传输系统结合施工工地实际情况，采用无线技术将前后端数据准确无误、无延时地传输；后端集中管理平台能够汇聚各系统数据，过滤出有效信息，以直观可视化的方式提供给项目管理者，帮助其管理和辅助决策。通过智慧建造系统的建设，能够为项目现场工程管理提供先进技术手段，构建工地智能监控和控制体系，有效弥补传统方法和技术在监管中的缺陷，实现对施工现场的全方位实时监控。

①指挥中心监控设备安装

指挥中心可视化设计，数据中台，物联网中台，视频流服务，报盘数据开发。

②场地监控设备

场地周边采用30m角钢塔安装5台45倍球型AR鹰眼，通过运营商数据专线和网桥传输传回至监控中心。

③边坡监测与预警

开发地质灾害监测预警平台，通过传感设备智能化地感知结构物信息，无需人员在场，能够全天候 24 h 实时监测。当结构物出现异常时，系统能够第一时间将预警信息以短信的方式通知相关管理人员；可测得连续海量数据，提供任意时段报告。在特殊情况如极端天气条件下，可稳定获取有效的数据。

④爆破区安全监测

通过高空全景摄像头，在爆破区域手动划定监视点，实现对全景区域内的多个目标进行区域入侵、越界等行为的检测，并可输出报警信号。

⑤施工现场照明布置

云南碳中和示范产业园基础设施建设项目有 24 h 土方开挖的要求，为保障施工安全及施工进度，夜间需要临时照明，进行填方区域、挖方区域施工。填方区域面积为 $1.169\ km^2$、挖方区域面积为 $1.057\ km^2$，项目总用地面积为 $5.45\ km^2$。

⑥施工机械管理

施工现场将有 1000 余台施工机械同时施工，机械种类繁多，装载量也各有不同。项目为每一台施工机械建档，实现施工机械信息管理、责任单位管理、责任人管理、机械施工现场数据管理、实时工作状态管理、紧急联系方式管理等。

⑦施工机械高精度定位

施工地点偏僻，机械设备集中在一块 $2.5\ km\times 2.5\ km$ 的区域内。平台基于最新的"北斗"系统进行高精度定位，野外误差仅在 1 m 以内，以实现对机械的位置、行驶轨迹等进行实时数据跟踪。

⑧开挖与填埋区域管理

平台基于现场 GIS 地图进行动态开挖区与填埋区管理，通过直观绘制区域划线，设定对应功能区。当运载车辆进入区域时，智能感知作业任务并向平台触发对应事件。

⑨智能化运量与土石方工程量计算

实现自定义函数计算，基于机械管理、高精度定位、智能化作业感知与 GIS 地理信息，对趟次和运量进行智能化计算，自动生成统计报表和大屏展示数据。

⑩指挥中心

项目将在后台建设物联网中台一套、综合业务管理系统一套、数据中台一套、视频流服务中台一套、大数据分析与展示平台一套。

项目将在总包指挥中心建设可视化大屏，对施工现场的视频、机械、工程进度等各类实时数据与统计数据进行呈现，让指挥人员一目了然地掌握项目工程现场的施工实时状况、产能及产能使用率、已完成工作量和未完成工作量、施工进度预测等情况，为项目的指挥人员与管理人员提供决策辅助。

⑪环境监测

施工现场环境检测项包括：扬尘（PM2.5、PM10），噪声，污水排放，固体废弃物，现场环境条件（湿度、温度、通风），有害气体（VOCs、CO、NO_2 等），土壤污染，气象参数(风速、风向、风力)。

⑫工程内容

45倍球型AR鹰眼、400万结构化枪机、800万球机、广播系统、广播寻呼话筒、3KM网桥、公网对讲机、55寸3.5mm拼接屏、录像机、超高清解码器、LCD屏支架(含底座)、汇聚交换机、控制电脑、操作手柄控制器、GNSS接收机、深部位移监测、遥测终端机、电脑主机、交换机、翼闸、LED屏、全频音箱、功率放大器、调音台、4进8出音频处理器、投影仪、无线投屏器、电动幕布(含调试)、扬尘监测、监控杆、太阳能板安装、电池柜安装、操作台、平台服务器、综合安防管理平台(DS)v1.7.0、AR实景应用平台、施工机械管理、开挖与填埋区域管理、智能化运量与土石方工程量计算、指挥中心指挥调度系统、地灾监测预警平台(标准)、BIM动画及设备安装拆除、调试等。

支持集团级、二级子公司级、工程部(直管部)级、项目级等树形结构(图7-1),支持不同模式下钻。

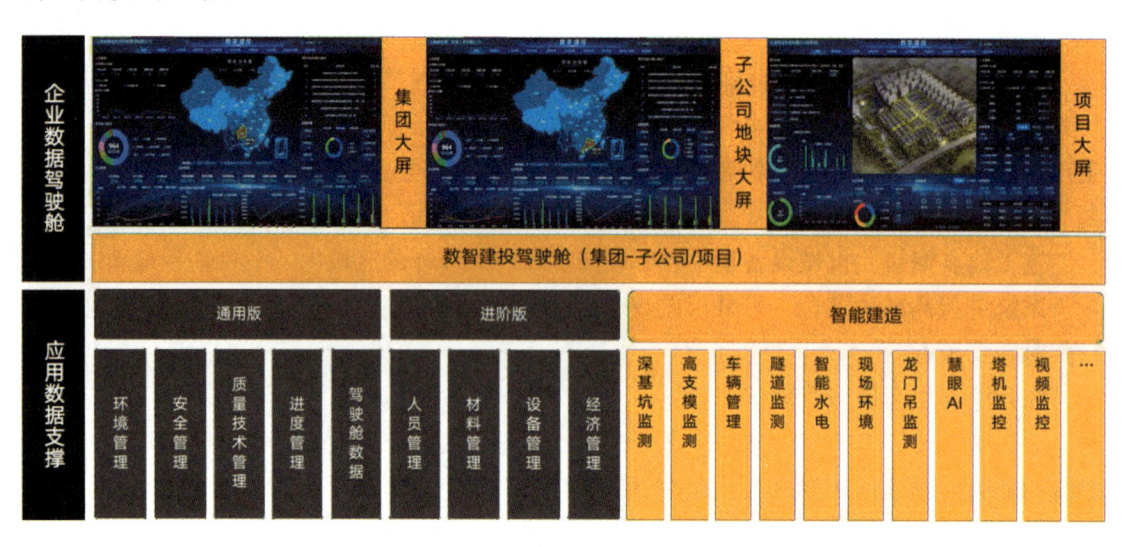

图7-1 智慧建造系统架构图

7.2 建设前控制策略详解

7.2.1 保障工期的措施概述

对抗工期不利因素采取的措施如下：

（1）合理划分施工段和安排工序，提高工作效率，确保整体工程的顺利完工。

（2）及时做好各种材料、设备的采购计划和进场计划。鉴于项目对工期的要求，为避免因材料供应不及时导致工期延误，项目部进场后应及时制定材料、设备的采购计划和进场计划，并及时与业主方沟通协商，明确各种设备、物资的进场时间，确保设备、材料物资有序进场。

（3）做好人员和施工机械进场计划，管理人员及施工人员要提前进场，做好施工前准备。

（4）对于危险性较大的工程，在实施前做好策划，按现场实际情况编制专项方案，并按相关规定进行审批。

（5）安排专人与各个分部对接，尽量实现各分部同时具备施工条件并同步施工，保证施工工期。

7.2.2 建投平台亮点

数智建投平台是一个具有开放性、安全性、便捷性、可迭代性，且自主可控的、属于云南建投集团的工程数据驱动管理平台，实现了"数字建投"。智慧建投定制化平台如图 7-2 所示。

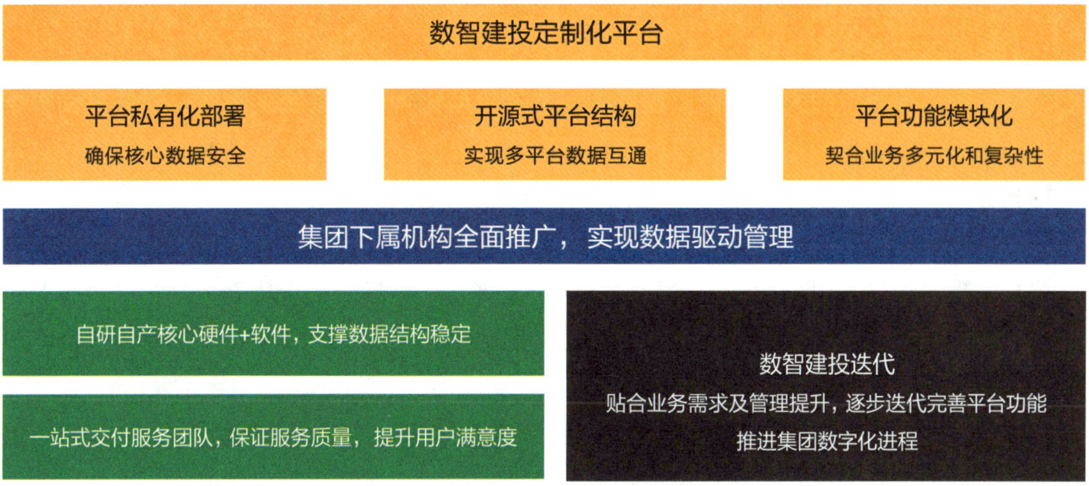

数智建投定制化平台

平台私有化部署	开源式平台结构	平台功能模块化
确保核心数据安全	实现多平台数据互通	契合业务多元化和复杂性

集团下属机构全面推广，实现数据驱动管理

自研自产核心硬件+软件，支撑数据结构稳定

一站式交付服务团队，保证服务质量，提升用户满意度

数智建投迭代
贴合业务需求及管理提升，逐步迭代完善平台功能
推进集团数字化进程

图 7-2 智慧建投定制化平台

（1）数智建投平台的三大亮点

①平台私有化部署：数智建投平台部署在安二司私有化服务器，知识产权完全属于安二司，并由平台掌握所有系统代码。这确保了核心数据的安全。

②开源式平台结构：数智建投平台配备开放式 IoT 平台，支持多厂家系统数据对接。同时，数智建投平台已与钉钉平台、集团实名制平台数据打通，实现了多平台数据的互通。

③平台功能模块化：数智建投平台适配多层级、多岗位需求，围绕业务多元化及复杂性，进行权限设置和各功能模块部署。

（2）数智建投建设三大优势

①智慧建造硬件设备及应用系统均为国内知名品牌且自研自产，能确保项目现场的系统及数据上传的安全性及稳定性。

②数智建投平台的运维及智慧建造系统的实施，均由安二司信息中心及安装团队提供一站式服务，保证了服务质量，提升了各层级用户满意度。

③数智建投平台掌握所有系统代码，可根据各层级单位、岗位的业务需求，逐步迭代完善平台功能，以推进集团数字化进程。

7.2.3 功能特色

（1）工地信息化

通过智慧建造项目的实施，可以将施工现场的施工过程、安全管理、人员管理、绿色施工等内容，从传统的定性表达转变为定量表达，实现工地的信息化管理。通过物联网的实施，能自主采集施工现场的大型机械安全、现场作业安全、人员安全、人员数量、工地扬尘污染情况、水电能耗等数据，危险情况能自动反映和自动控制，并对以上数据进行记录，为项目管理和工程信息化管理提供数据支撑。

（2）管理全方位化

①物的不安全状态管理

智慧建造项目中的大型机械监控系统，通过自动化物联网系统的实施，能够自动根据设备的工况，对现场的超载、超限、特种作业人员合法性、设备定期维保等内容进行自动控制和数据上报，实现对物的不安全状态的全过程监控。深基坑、高支模、高边坡等自动化监测系统的应用能提前发现各重大危险源的安全状况，能更早地发现安全隐患，提醒项目部在发现安全隐患时做出针对性的技术解决方案，从而规避安全风险，并能进一步节约成本，减少不必要的浪费。

②环境的不安全因素管理

工地视频监控系统、AI智能视频监控系统、隧道有毒有害气体监测系统、安全步距监测系统等管理系统，可以自动对环境的不安全因素进行实时跟踪，从而可以提前发现安全风险，规避安全事故。

③人的不安全行为管理

人员实名制系统、人员定位系统、AI智能视频监控系统等内容相结合，可以进一步提高项目部工人的安全意识，提高安全技能，规避安全风险，从而实现对人的不安全行为进行安全管理。

（3）平台集中化

数智建投平台（图7-3）可以将施工现场应用的各系统进行系统集成，通过智能建造板块集中展现项目端各系统的信息化数据，让人能一目了然地了解施工现场的信息化应用内容；还能实现数据穿透性查看，自动搜集和汇总各信息化数据，通过分级管理，自动进行数据筛选，对项目指挥部、各个工区的安全管理和质量管理等进行综合分析，为本项目管理的信息化管理提供支撑，同时成为集团和各个二级公司在管理同类项目的设备、人员、施工进度安排及资金投入等提供数据支撑。

图7-3 数智建投集团信息集中呈现图

（4）数据集成化

智慧建造建设是一个数据高度集成的过程，可以将各个系统的应用，通过物联网、工地大脑和大数据及互联网，集成各个系统的应用，实现同步显示、同步查看、同步汇总，避免了多账号、多系统的重复登录。

7.3　施工过程中的策划工作

7.3.1　高点监控建设方案

经现场勘察，可利用现有通信塔完成大部分监控部署，实现对工地的整体监控。选择工地周边3座通信塔并新建2个监控点位，部署高空鹰眼球机，可实现对工地内大部分区域的监控。监控点位分布情况如图7-4所示。

图7-4　工地内的监控点位分布情况

（1）1号点

1号点位于北纬24.579355度，东经103.784936度。新建9 m立杆1根，挂载45倍球型AR鹰眼1台，通过网桥传输至2号点位。新建太阳能供电系统1套。存在塔体遮挡情况，经确认，足球场区域为非重点区域，设置为遮挡区。1号点监控区域如图7-5所示。

（2）2号点

2号点位于北纬24.572468度，东经103.790368度，为30 m单管塔。于第二平台下方加装1.5 m支臂，挂载45倍球型AR鹰眼1台，通过网桥传输至监控中心。存在塔体遮挡情况，经确认，西面为非重点区域，设置为遮挡区。2号点塔体及监控区域如图7-6、图7-7所示。

图 7-5　1 号点监控区域图

图 7-6　2 号点监控塔体

图 7-7　2 号点监控区域图

(3) 3 号点

3 号点位于北纬 24.563472 度，东经 103.786707 度。新建 9 m 立杆 1 根，挂载 45 倍球型 AR 鹰眼 1 台，通过网桥传输至 2 号点位。新建太阳能供电系统 1 套。存在塔体遮挡情况，看守所方向为非禁止监控区域，设置为遮挡区。3 号点监控区域如图 7-8 所示。

图 7-8　3 号点监控区域图

(4) 4 号点

4 号点位于北纬 24.566338 度，东经 103.767269 度，为 30 m 角钢塔。于第一平台下方加装 1.5 m 支臂，挂载 45 倍球型 AR 鹰眼 1 台，通过运营商数据专线传回至监控中心。存在塔体遮挡情况，经确认，后方山包为非禁止监控区域，设置为遮挡区。4 号点塔体及监控区域如图 7-9、图 7-10 所示。

图 7-9　4 号点监控塔体

图 7-10　4 号点监控区域图

(5) 5号点

5号点位于北纬24.574553度，东经103.770322度，为15 m落地增高架。于第一平台下方加装1.5 m支臂，挂载45倍球型AR鹰眼1台，通过运营商数据专线传回至监控中心。存在塔体遮挡情况，经确认，后方山包为非禁止监控区域，设置为遮挡区。截至本书成文时现场塔体还未建设完成，待塔体完成后再进行监控建设。5号点监控区域如图7-11所示。

图7-11 5号点监控区域图

(6) 监控中心

监控中心位于足球训练基地内，北纬24.583443度，东经103.794625度。建设监控中心，包含监控大屏及监控平台设备。监控中心安装位置如图7-12所示。

图7-12 监控中心安装位置图

（7）网络组网方案

1、2、3号点位通过网桥进行传输，传至监控中心；4、5号点位通过基站内数据专线传至监控中心。网络组网如图7-13所示。

图7-13　网络组网图

7.3.2　智慧工地平台建设方案

（1）工程进度管理

工程进度管理包括：施工单位管理、工程量管理、每日工程进度管理，以及工程进度可视化（图7-14、图7-15）。

图7-14　工程进度可视化平台

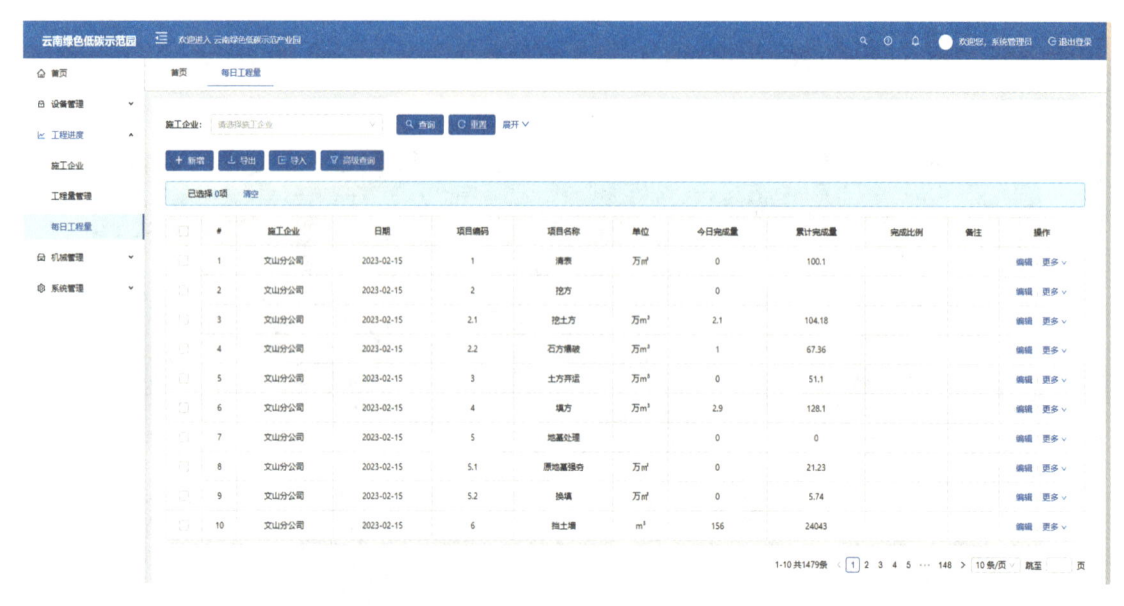

图 7-15　工程进度监控数据

（2）机械台班管理

机械台班管理包括：机械管理、机械投放管理、开挖与填埋区域管理、智能化运量与土石方工程量计算、施工机械GIS地图融合，以及数据大屏可视化（图7-16、图7-17）。

图 7-16　机械管理可视平台

7 数字化（智慧）工地的构建与实践案例

图 7-17 机械台班监控数据

（3）环境监测可视平台

环境监测可视平台包括：气象站管理、气象数据分析、气象数据大屏可视化。环境监测可视平台如图 7-18 所示。

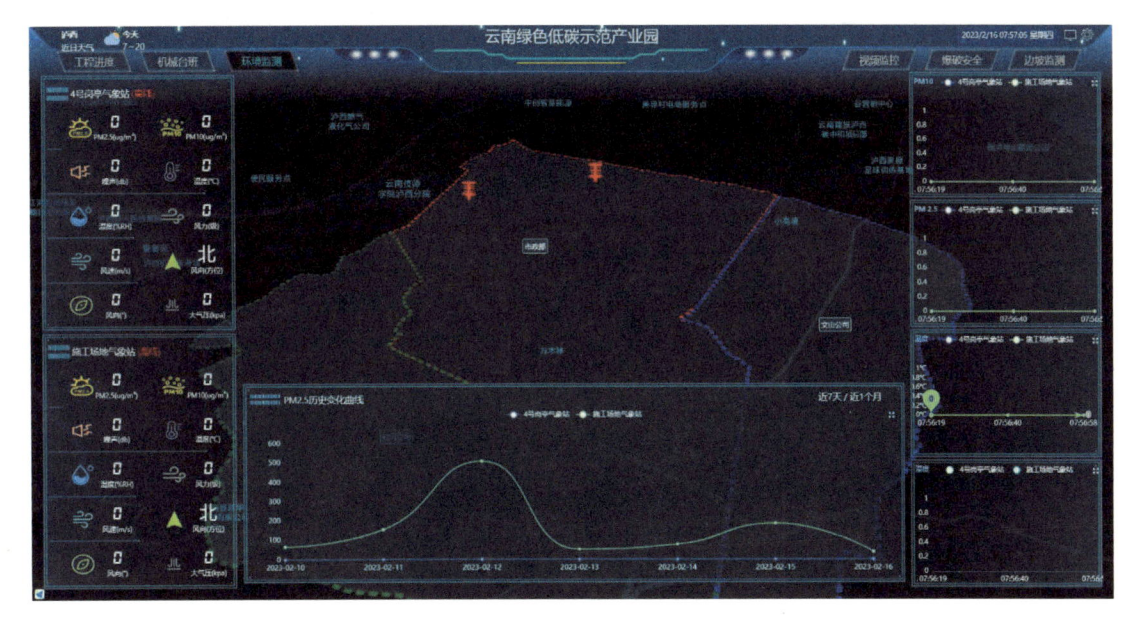

图 7-18 环境监测可视平台

（4）云视频监控平台

云视频监控平台与工地监控体系对接，可实现指挥中心与云端实时查看；可融合地图对监控位置、在线状态进行管理，以及数据大屏可视化（图 7-19、图 7-20）。

图 7-19　工程实时监控平台

图 7-20　工程进度形象监控画面

（5）爆破安全监控平台

爆破安全监控平台包括：开发爆破安全小程序端、爆破安全流程化管理、爆破安全可视化管理（图 7-21、图 7-22）。

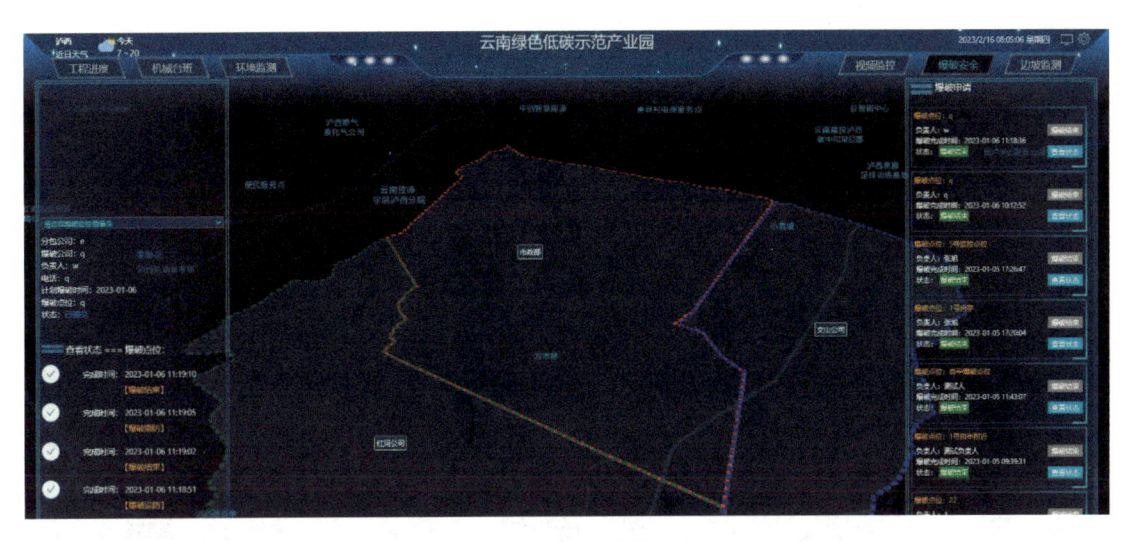

图 7-21 爆破安全监控平台

图 7-22 爆破报批移动终端

（6）边坡动态监测可视平台

边坡动态监测可视平台包括：边坡监测设备管理、边坡监测数据管理、边坡监测动态可视化（图 7-23）。

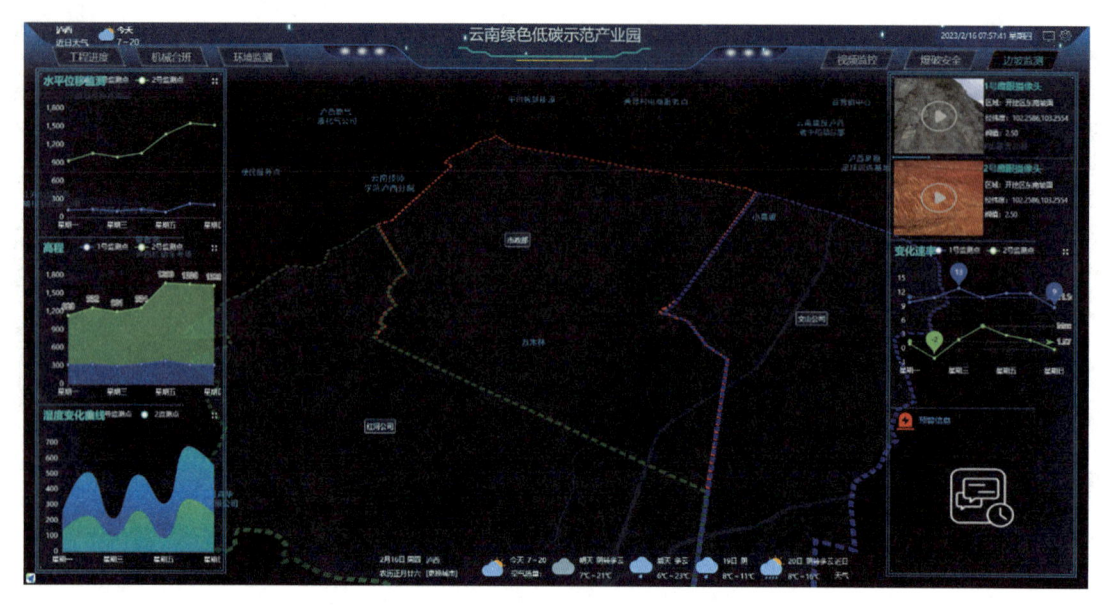

图 7-23　边坡动态监测可视平台

7.3.3　工地内主要路口与重点工区建设方案

经过对园区内主要道路及重点监控工地建设状态的现场勘察,已确定设备点位及数量。其中,包括 12 台 400 万结构化枪机和 8 台广播号角,这些设备均位于园区内基础设施建设的区域。

7.3.4　主要设备配置

园区内主要设备配置情况如表 7-1 所示。

表 7-1　园区内主要设备配置情况

序号	产品名称	品牌	型号/功能	数量	单位
一	前端鹰眼及网桥设备				
1	45 倍球型 AR 鹰眼	海康威视	iDS-2VPE13-HHCL-X	5	台
2	400 万结构化枪机	海康威视	DS-2CD7A47HH-LSQ（2.8-12mm）（D）	2	台
3	400 万全彩枪机	海康威视	DS-2CD2T47EDWDV3-L	10	台
4	800 万球机	海康威视	ids-2dc78231X-A	1	台
5	广播号角	海康威视	DS-KBS3500-H	8	只
6	网络功放	海康威视	DS-KBA6122-G	8	台
7	广播寻呼话筒	海康威视	DS-KBI6000-PG	1	台
8	3KM 网桥	海康威视	DS-3WF03S-5AC/G	18	对

续表 7-1

序号	产品名称	品牌	型号/功能	数量	单位
二	中心存储及平台设备				
1	55寸3.5mm拼接屏	海康威视	DS-D2055NL-E/G	12	单元
2	I系列轻智能-行业通用型NVR	海康威视	DS-8632NX-I8(标配)(8×8T定制盘)	1	套
3	超高清解码器	海康威视	DS-6A16UD	1	套
4	平台服务器	海康威视	DS-VE22S-B(310804332)	1	套
5	LCD屏支架(底座)	定制	—	4	套
6	LCD屏支架(底座)	定制	—	12	单元
7	汇聚交换机	海康威视	DS-3E1526-S(国内标配)/轻网管	1	台
8	控制电脑	戴尔	i5 12代CPU	2	台
9	操作台	定制	—	1	套
三	高精度定位设备				
1	施工机械高精度定位终端	—	—	620	台
四	边坡监测设备				
1	深部位移监测	厦门四信	F-RT1020	2	套
2	GNSS接收机	厦门四信	F-DW100	4	套
3	遥测终端机	厦门四信	F9164	2	套
五	驻地闸机设备				
1	电脑主机	联想	E77S	1	台
2	交换机	锐捷	5口	1	台
3	翼闸单机芯	中科电子	YCY301	2	台
4	翼闸双机芯	中科电子	YCY302	1	台
5	人脸识别和测温	WEDS	N8T	1	台
6	进出门按钮	定制	—	2	个
7	工地雨棚	定制	—	1	个
8	闸机安装调试	—	—	1	项

续表 7-1

序号	产品名称	品牌	型号/功能	数量	单位
六	驻地会议室设备				
1	单色 LED 屏	精妙	P10	3.5	m²
2	单 10 寸全频音箱	世邦	SAP-T10D	4	只
3	功率放大器	世邦	SAP-5402A35	1	台
4	专业会议麦克风（按键开关）	世邦	LCS-2334	4	台
5	真分级无线话筒（U 段手持）	世邦	NAC-5019	1	套
6	调音台	世邦	SAP-F08D	1	套
7	4 进 8 出音频处理器	世邦	SAP-F48	1	台
8	投影仪	丽讯	DW855	1	台
9	无线投屏器	美誉	HD100mini	1	台
10	电动幕布	国优	150 寸	1	块
11	音箱头	世邦	—	8	个
12	音响支架	国优	—	4	只
13	音频跳线	国优	—	9	根
14	1.5 m 专用吊架	国优	—	1	套
15	安装、调试	泽祥	—	1	项
七	监控中心设备				
1	综合安防管理平台（DS）v1.7.0	海康威视	iSecure Center	1	套
2	AR 实景应用平台	海康威视	Infovision AR	1	套
八	智慧工地平台				
1	工程进度管理	定制开发	施工单位管理、工程量管理、每日工程进度管理、工程进度可视化等	1	套
2	机械台班管理	定制开发	机械管理、机械投放管理、开挖与填埋区域管理、智能化运量与土石方工程量计算、施工机械与 GIS 地图融合、数据大屏可视化等	1	套
3	环境监测	定制开发	气象站管理、气象数据分析、气象数据大屏可视化等	1	套
4	云视频监控	定制开发	与工地监控体系对接，实现指挥中心与云端实时查看；通过地图管理监控位置、在线状态；数据大屏可视化等	1	套
5	爆破安全	定制开发	开发爆破安全小程序端、爆破安全流程化管理、爆破安全可视化管理等	1	套

续表 7-1

序号	产品名称	品牌	型号/功能	数量	单位
6	边坡监测	定制开发	边坡监测设备管理、边坡监测数据管理、边坡监测动态可视化等	1	套
7	指挥中心指挥调度系统	—	—	1	台
8	地灾监测预警平台（标准）	—	—	1	套
9	BIM 动画	—	—	7	min
九	设备安装、拆除费用				
1	高点监控安装、拆除费				
1.1	监控设备箱、新增支臂、交换机、电源线、网线安装费用	—	—	5	套
1.2	鹰眼安装、拆除调试费用	—	—	5	套
1.3	网桥安装、调试费用	—	—	15	对
1.4	AR实景应用平台、综合安防管理平台、NVR安装、调试费用	—	—	1	套
1.5	平台服务器安装、调试费用	—	—	1	套
1.6	拼接屏安装、调试费用	—	—	12	块
2	太阳能供电				
2.1	监控杆费用（含运费、二次搬运、土建、施工）	—	—	1	套
2.2	太阳能板安装费用	—	—	1	套
2.3	电池柜安装费用	—	—	1	台
3	道路监控安装拆除费用				
3.1	枪机安装、拆除、调试费用	—	—	12	台
3.2	广播号角及功放安装、拆除、调试；广播寻呼话筒安装、拆除、调试费用	—	—	8	套
3.3	边坡监测施工费,调试费	—	—	1	项
4	其他费用				
4.1	铁塔 30M 数据专线费用	—	—	3	条
4.2	塔体租赁费用	—	—	3	座
4.3	电费	—	—	3	点位
4.4	监控中心 100M 数据专线费用	—	—	1	条

续表 7-1

序号	产品名称	品牌	型号/功能	数量	单位
4.5	现场维护、保养费用	—	—	24	月
4.6	维护人员费用	—	—	1	个
十	高点监控辅材				
1	电池柜安装	—	—	1	台
1.1	支架	海康威视	DS-1603ZJ-Pole-P	5	副
1.2	机柜	国产优质	—	1	台
1.3	配电箱	国产优质	—	1	个
1.4	交换机	国产优质	—	3	台
1.5	新增支臂	华国	定制	5	副
1.6	接地线	国产优质	1×4	1	卷
1.7	监控设备箱	国产优质	定制	5	个
1.8	电源线	—	RVV3×1.5 m^2	250	m
1.9	电源线	—	RVV3×4 m^2	100	m
1.10	网线	—	超五类	1	卷
1.11	辅助材料	国产优质	定制	5	卷
2	太阳能供电系统				
2.1	监控杆（含运费、二次搬运、土建、施工）	—	—	1	套
2.2	太阳能板安装	—	—	1	套
2.3	电池柜安装	—	—	1	台
2.4	9m 监控杆	—	—	1	套
2.5	320W 单晶硅太阳能电池板	—	HP-S320-60G1	8	块
2.6	MPPT50A 太阳能充电控制器（无直流输出）	—	HP-C2450-MC	2	台
2.7	150AH 铅酸免维护胶体蓄电池	—	HP-B150-12G	12	只
2.8	24V 700W 正弦波 DC-AC 逆变器	—	HP-I700-224	2	台
2.9	立杆安装支架	—	非标定制	4	套
2.10	设备柜	—	定制	2	套
2.11	光伏线缆	—	非标定制	2	套
3	道路监控安装拆除费				
3.1	枪机安装、拆除调试	—	—	12	台
4	道路监控辅材				
4.1	枪机支架	—	DS-1292ZJ-K	12	个

续表 7-1

序号	产品名称	品牌	型号/功能	数量	单位
4.2	监控杆	—	定制	8	套
4.3	200W 单晶硅太阳能电池板	—	—	8	块
4.4	PWM20A 太阳能充电控制器	—	—	8	台
4.5	150AH 铅酸免维护胶体蓄电池	—	—	16	只
4.6	24V 正弦波 DC-AC 逆变器	—	—	6	台
4.7	立杆安装支架	—	非标定制	4	套
4.8	设备柜	—	定制	4	套
4.9	电源线	—	RVV3×1.5mm^2	2200	m
4.10	网线	—	超五类	5	卷
4.11	辅助材料	国产优质	定制	1	项
4.12	交换机	国产优质	—	5	台
4.13	枪机万向节	国产优质	—	12	个
4.14	新增支臂	华国	定制	6	套
4.15	2.5m 附墙抱杆	华国	定制	2	套
4.16	接地线	国产优质	1×4	1	卷
4.17	监控设备箱	国产优质	定制	7	套
4.18	网线	—	超五类	2	卷
4.19	光伏线缆	—	—	4	项
5	边坡监测辅材	—	—		
5.1	一体化机箱	国产优质	定制	6	套
5.2	立杆安装支架、辅材	—	定制	6	套
5.3	200W 单晶硅太阳能电池板	国产优质	—	6	块
5.4	PWM20A 太阳能充电控制器	国产优质	—	6	台
5.5	150AH 铅酸免维护胶体蓄电池	国产优质	—	12	只
5.6	24V 正弦波 DC-AC 逆变器	国产优质	—	6	台
5.7	电源线	国产优质	RVV3×1.5mm^2	500	m
5.8	电源避雷器	国产优质	—	6	套
十一	强夯机视频监控记录仪	国产优质	MT95C	103	台

7.4 技术创新成果

7.4.1 智能强夯压实度数字控制技术

强夯法是一种土壤改良技术，常用于提升土壤的承载能力和稳定性，尤其在道路、堤坝及填土地基等工程中应用广泛。该方法通过自一定高度自由坠落大型重锤，产生强烈的冲击力和振动，从而压实土壤、降低土壤孔隙率并增大土壤颗粒间的接触面积。智能强夯机是一种集监测、导航、夯击数统计功能于一体的机械设备，它凭借高频振动与冲击力，对土壤或道路基层实施压实和加固作业，进而增强地基的承载能力和稳定性。

智能强夯机搭载了先进的控制系统，能够实现自动化操作和实时监测，显著提升施工效率与质量；其高频振动与冲击力可有效改善土壤的密实度和排水性能，进而提升地基的承载能力；此外，智能强夯机还能根据不同的施工需求，灵活配备各类工作头和附件，以完成土壤压实、道路修复等多种施工任务；同时，它采用了先进的动力系统和节能技术，确保了较高的施工效率和较低的能耗。

智能强夯夯击次数的反算，是基于夯锤的能量输出与夯击目标，反向推算出达到目标所需的夯击次数。需先明确夯击效果或地基改良目标，再根据具体的夯锤类型和参数，确定夯锤的能量输出，通常以每次夯击的击能或击数为衡量标准。接着，结合夯锤的能量输出与夯击目标，选用合适的计算方法进行夯击次数的反算，这可能涉及土壤力学参数、夯击能量与地基改良效果间的经验关系等。然后，根据所选计算方法，输入夯锤的能量输出与夯击目标进行计算，得出所需夯击次数，并依据实际情况进行调整和优化，如考虑土壤特性的不均匀性、夯击能量的递减效应等。在此过程中，可借助数值模拟、实际案例验证或经验规范等方法来指导优化。

本项目在现场作业时，部署了103台装有高清视频记录仪的强夯机，实时记录强夯次数，并将强夯机的工作状态实时反馈至平台，以便实时监测土壤的压实度。同时，项目团队还不定期对强夯机进行视频抽查回放，以确保作业过程中的施工质量。

（1）夯击次数计算

夯击次数的计算涵盖以下步骤：

第一，需确定计算夯击次数的重要参数，包括夯锤的重量、落锤高度以及每次夯击的能量输出。第二，要确保夯锤与地基的相互作用条件，因为夯锤与地基间的相互作用会影响夯击次数的计算，如夯锤在土壤中的沉入深度、地基的类型和条件等。最后，夯击次数的计算还取决于土壤固结程度，不同的工程需求可能需要不同的夯击次数才能达到预期效果。

根据李守巨等通过大量工程实例分析夯击次数的研究结果，得出式（7-1）：

$$N = \frac{HEL^2}{Wh} \tag{7-1}$$

式中 H——有效加固深度,单位:m;

E——每立方米被加固土体需要的能量;对于杂填土,E 约为 $800\,kN/m^2$;而对于砂性土,E 约为 $600\,kN/m^2$;

L——正三角布设时夯击点的水平中央距离;

W——夯锤的重量,单位:N;

h——夯锤的落距,单位:m。

然而,具体的夯击次数还需通过试夯来确定,以单击夯沉量稳定时的累计夯击次数为本项目的最佳夯击数。同时,最后两击的平均夯沉量应满足《建筑地基处理技术规范》(JGJ 79—2012)中的相关规定(表7-2)。

表7-2 最后两击的平均夯沉量

单击夯击能/kN·m	最后两击平均夯沉量的最大值/mm
$E < 4000$	50
$4000 \leq E < 6000$	100
$6000 \leq E < 8000$	150
$8000 \leq E < 12000$	200

(2)夯击沉降量

在夯击能为 $4000\,kN·m$、锤重为 $25\,t$、落距为 $16\,m$ 的条件下,夯锤从接触地面开始,其中心点竖向位移随时间的变化如图7-24所示。

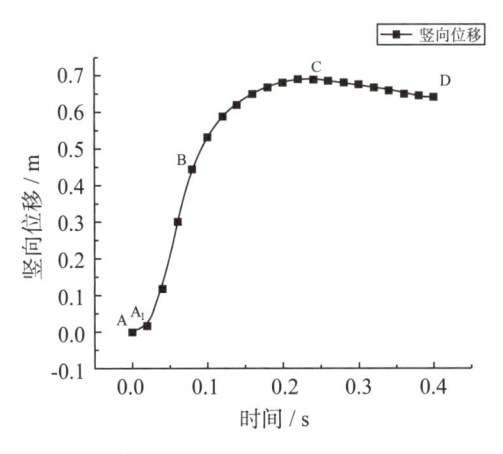

图7-24 竖向位移-时间变化曲线图

①第一阶段(0~0.02 s)

AA_1 段(A_1 代表夯锤中心在 0.02 s 时所对应的竖向位移)中,夯击能逐渐转化为动能,但动能不足以对土体结构产生影响,因此 AA_1 段提升相对较慢。

②第二阶段（0.02～0.08s）

A_1B 段（A_1 和 B 两个点代表夯锤中心点在 0.02s 和 0.08s 所对应的竖向位移）中，竖向位移迅速提升。在达到 A_1B 段时，由于原有土体结构受到破坏，土体颗粒间的孔隙增大，在挤压振动过程中孔隙被压缩，因此土体结构变得更为密实。

③第三阶段（0.08～0.24s）

BC 段竖向位移从 B 点迅速增加到 C 点。在 BC 阶段，竖向位移增长速度较 A_1B 段变慢，因为大部分的自由气体在 A_1B 段被排出。BC 段土体内部由于挤压震动产生裂缝，为部分液体在超静孔压作用下的排出提供了通道。孔隙的空间进一步被压缩，密实程度提高，强度也随之增强。因此，在 BC 阶段竖向位移增长速度放缓，在 C 点左右单次夯击的竖向位移量达到峰值。

④第四阶段（0.24～0.4s）

CD 段竖向位移从 C 点回弹到 D 点（D 点代表 0.4s 时夯锤中心点的竖向位移），增长速率呈现负增长，最终在 0.4s 左右趋于稳定。在 CD 段，土体的弹性变形有所恢复。

（3）计算与实际对比

夯击次数是影响强夯效果的重要因素之一，而夯击量是强夯基础的关键指标。夯击次数并非越多越好，应该有一个最优的击打量。最优的夯击量应该同时考虑经济效益和安全问题。

本项目在夯击能为 4000kN·m、夯击次数为 10 次、夯锤为 25t、落距为 16m 的条件下，分析了夯击沉降量与夯击次数的关系，如图 7-25 所示。

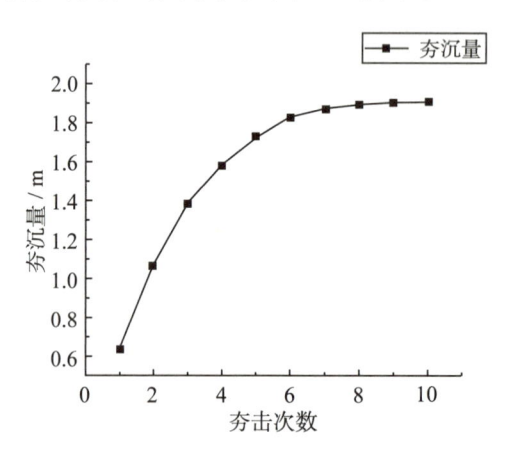

图 7-25 沉降量-夯击次数变化曲线图

第一次夯击时的夯沉量最大，为 0.638m。第八次夯击后，沉降量为 0.101m；第九次后，沉降量为 0.042m。在第 9 次夯击之后，土体的夯击沉降量增加接近 0。强夯工程的停夯标准应以最后两击的平均夯击量小于 100mm 为准。第 8 次与第 9 次夯击的平均夯沉量小于 100mm，符合停夯标准。因此，在 4000kN·m 的条件下，最佳夯击次数应为 9 次。

本部分内容通过理论分析和数值模拟手段，研究了夯击次数、夯击方式及夯击能等因素对夯实度的影响。模拟结果与工程实例比较吻合，具有一定意义。然而，由于强夯加固机理过于复杂，在以强夯法为地基处理方法的工程中，夯击沉降量是评价强夯效果的重要因素，很大程度上能够判断强夯效果是否达到了预期标准。因此，研究单次夯沉量的变化规律十分必要。

根据夯实度的实时监测情况，强夯击能的计算结果与实际测量数据存在一定差异，但差异并不显著。这可能是由于实际场地条件、土壤性质的变化或测量设备的误差等因素导致的。在此情况下，可以进一步分析差异的原因，并根据需要对计算方法或参数进行适当的调整。

7.4.2 智能碳排放与扬尘监控报警装置

在倡导节能减排和绿色施工的背景下，施工现场的大气污染物监测系统建设正不断推进。当前，大气污染物的监测手段和内容需在新技术条件下持续完善，监测技术和数据处理方法需进一步向可视化、集成化、智能化方向发展，为施工大气污染物的监测和预测提供新的感知方法和判定方式。为了提高施工环境下对大气污染物的快速感知能力，并有效剔除环境空气污染对施工扬尘污染的影响，本书充分考虑了扬尘污染的联动措施，旨在使施工扬尘可防可控，并结合有效降尘措施，实现施工扬尘的有效控制。

项目位于云南某碳中和绿色示范产业园区，其土质富含氧化铁，贫砂质而富黏性，结构疏松，易发生水土流失。本项目地形为高边坡，常处于陡峭坡面，受重力、水流、地震等多重因素影响，易发生滑坡、崩塌或坡面塌方等不稳定现象。在土方阶段，渣土运输车辆频繁出入，工地内外路面尘土较多，导致交通扬尘大量产生。地基阶段土方施工量大，基坑内部道路难以硬化，施工机械众多，PM10 浓度居高不下。主体施工阶段的扬尘主要来自模板拆除和内部交通运输等环节，PM10 排放浓度相对较低。主体装修阶段涉及打孔、剔槽、材料切割、现场清理等过程，其 PM10 排放浓度高于主体施工阶段。配套建设阶段通常处于主体装修后期，并可能与施工周期重叠，此阶段又涉及土方开挖、渣土运输等，PM10 排放浓度也保持在较高水平。

本项目在施工工地开展了扬尘在线监测系统的建设及运行，对施工地扬尘排放情况进行全天候实时监测。本项目通过统计大量在线监测数据，对施工工地扬尘排放特征进行了系统分析，并初步探索了扬尘在线监测在施工工地污染监管中的应用。扬尘监控与自动降尘系统主要包括扬尘监测设备、现场降尘自动喷淋系统、远程监控系统以及智慧工地云平台等。

扬尘是指地表面尘土在风力、人为活动等因素作用下进入大气的开放性污染源，会提升 TSP 浓度，是当前城市大小颗粒物的主要来源。施工现场产生扬尘的环节众多，如土方开挖、场地平整、建筑施工及装修等作业均伴随扬尘产生。施工工地内扬尘主要来源于土方工程、车辆运行、建筑垃圾装卸、材料切割及垃圾清理等环节。施工现场是典型的无组织扬尘源，施工扬尘具有突发性、破坏性、无规律性的特点，可能会在某个时刻突然发生严重污染，且一般无征兆和规律，这对施工现场的监测管理提出了挑战。

施工扬尘排放的不确定性主要受施工场所、施工方法以及气象条件等因素影响。部分粗颗粒物在空气中悬浮后会受自身重力和气象条件作用沉降，而细颗粒物则会长时间悬浮，易被人体吸入，严重威胁呼吸道健康。施工产生的PM10和PM2.5不仅影响施工区域，还可能随气象条件蔓延至其他地区，导致空气质量整体下降。

我国环境空气质量监测网可提供全国338个地级以上城市的环境空气污染物基本项目浓度值和全国169个城市每小时的环境空气污染物基本项目浓度值数据。目前，大多数智慧工地扬尘自动监测系统能实时采集施工现场每分钟的PM2.5、PM10和TSP数据。

施工环境下大气污染物种类繁多，为实时监测这些污染物，需对施工大气污染物监测指标进行梳理，并了解各类污染物的特点和监测手段，以建立合理的扬尘检测报警装置。该装置采用以下技术方案：安装底座顶部中心固定安装连接立柱，立柱顶部连接监测报警设备，用于监测周边环境烟尘。安装底座前后两侧壁面均开设两个安装腔，并设置可活动的组装件。组装件外部在一般状态下有两个辅助轮与地面接触，遇到坡度路段时，组装件的三角端与阻碍物相撞使监测报警设备受力旋转，前侧组装件旋转后将整个安装底座抬升，四个组装件配合使装置在不同坡度路面移动时均能顺利通过，提高了装置的适应性，更适合在凹凸不平的场地使用。

在每个施工工地设置1～2个监测点，布设原则为点位设在工地围挡内，常年主导风向下风向、靠近车辆进出口的扬尘敏感区域，监测系统设备顶端高度距地坪3～5m；若监测工地与其他工地相邻，则不在相邻边界处设置监测点，监测点位距离任何反射面均大于3.5m。

监测报警设备监测周边环境烟尘，并将采集数据向智慧工地云平台传输，由云平台服务器自动记录。当项目部云平台与监管部门平台对接时，监管部门可随时调取现场扬尘数据，结合远程监控系统对施工现场实施远程监督管理。扬尘检测报警装置每日发布扬尘在线监测日报，包括施工工地日均值、最大值、最小值、有效小时数及报警次数，日报可同步推送至相关管理部门，实现对施工工地扬尘排放情况的实时掌握。此外，还对各超限工地的超限频次进行统计，并对超限频次较高的工地进行现场督查，必要时予以通报，对施工工地的现场作业起到了较好的规范作用。

喷淋系统主要由塔吊喷淋和围挡喷淋组成。塔吊喷淋系统通过地面高压水泵将水送至塔吊大臂的水平供水管内，由供水管上配置的雾状喷头喷出。喷淋系统出水均为喷雾状，能有效降尘。喷淋系统通过自动化配电箱实现自动喷淋。设定一个扬尘浓度报警阈值，当监测到的扬尘浓度超过该阈值时，触发警报信号。当系统监测设备扬尘数值超过设定阈值时，喷淋系统通过数据反馈自动开启喷淋，实现自动降尘的联动效果。例如，本项目设定的扬尘报警上限为$120\mu g/m^3$，当扬尘监测设备监测到扬尘现场扬尘数值超过$120\mu g/m^3$时，系统报警并自动开启喷淋降尘。自动开启喷淋系统可通过联动控制开关箱调节。将扬尘监测设备与喷淋系统的控制器连接，通过数据传输告知控制器当前扬尘浓度。当扬尘监测设备报警时，控制器触发喷淋系统工作，开始喷洒适量水雾以降低空气中扬尘浓度。控制器可根据实时监测到的扬尘浓度自动调整喷淋系统运行，如根据扬尘浓度变化调整喷淋强度、时间和范围。这样的联动配置可有效降低施工现场扬尘污染，改善空气质量，保护工人健康，同时符合环保要求。

应用扬尘检测报警装置对施工工地扬尘污染排放特征进行了分析。在不同施工阶段中，土方阶段是 PM10 排放浓度最高的环节。在相继的五个施工阶段中，PM10 排放浓度呈现高—低—高的趋势，施工工地的监管应与施工周期同步。不同施工阶段的施工工地 PM10 排放浓度具有明显差异。使用该扬尘检测报警装置与喷淋系统联动配置有效提高了施工扬尘污染预警的实时性，能每分钟对扬尘数据进行判断，达到预警条件立即触发预警，克服了现有标准指南采用连续 15 分钟平均浓度、连续 1 小时平均浓度甚至半天平均浓度在扬尘污染预警方面的滞后性，有效剔除了施工扬尘污染的影响，充分考虑了扬尘污染联动措施，通过分级预警和采取有效降尘措施，真正实现了施工扬尘的有效控制。

7.4.3 基于数字孪生无人机和 RTK 施工测量控制系统的应用

目前，越来越多的 GIS 系统对精确且逼真的三维数据提出了要求。全国各地开展的数字城市建设也开始加入三维实景模型数据源，这些数据源被用于三维展示、三维分析及辅助规划等多个方面。在需求的推动下，三维数据的快速采集与处理成为研究热点。传统的摄影测量设备不仅昂贵，空域申请困难，且技术流程复杂，这使得多数测绘单位望而却步。然而，近几年来，无人机技术飞速发展，带有精密定位模块的消费级无人机产品层出不穷，价格迈入万元级门槛，摄影测量因此开始真正进入普及化时代。当三维数据源变得易于获取和使用后，三维矿山、三维社区、三维校园等三维 GIS 系统的建设和使用也开始变得实用。以无人机为数据采集工具，研究人员探讨了影像数据获取、三维模型建立与处理、多源数据融合等问题，为三维 GIS 系统的建立提供了精确、美观且实用的基础数据。

无人机的应用能够帮助建筑测量人员高效地完成三维数据采集，生成清晰的影像数据，从而提高工作效率和质量。在此基础上，研究人员探索了在丛林丘陵地形条件下，无人机信号弱的环境下，无人机与 RTK 共同作业完成三维 GIS 数据采集的三维模型重建技术。他们分析了无人机 RTK 测绘的硬件系统和软件系统的构建，并探讨了无人机 RTK 测绘技术在丛林丘陵地带的具体应用情况。研究结果表明，无人机与 RTK 共同测绘技术的监测精度符合要求，能够监测复杂地形，提高丛林丘陵地带三维 GIS 数据采集的准确性和安全性。

使用无人机进行影像数据采集通常有两种方式：垂直摄影和倾斜摄影。垂直摄影主要应用于传统测绘 4D 产品的生产，尽管在当下的建模软件支持下亦可生产三维模型，但由于相机拍摄角度的问题，被摄对象的侧面纹理信息获取不足，导致三维模型效果通常较差，且点状地物如路灯、电杆等常常会缺失，需要后期进行立体测量或人工调绘后手工建模。而倾斜摄影则是近年来的研究热点，通过在飞行平台上搭载一个或多个传感器，可以获取地面的多视角影像，有效解决垂直摄影中的墙面遮挡压盖、建筑屋顶位移等问题。同时，由于侧视信息丰富，建模效果更加逼真、细腻，更符合人眼视觉。

在本项目中，使用了大江精灵 4RTK 无人机，选取"井字"飞行方式，云台角度为 −60° 进行影像获取。航高设置为 100m，航向重叠与旁向重叠取默认值 80% 和 70%，地面分辨率为 2.74cm，倾斜摄影建模精度达到 8.5cm。如果对模型质量要求较高，可采用"五向"

飞行，获取正射影像和云台角度为-45°的倾斜影像。

无人机RTK测绘硬件系统由多个子系统共同组成，主要包含多旋翼无人机硬件系统、影像获取硬件系统及RTK定位系统几部分。多旋翼无人机硬件系统的主要功能在于为搭载影像获取系统奠定基础，为后续获得低空位置的多元化角度影像创造必要条件。影像获取系统的主要功能在于能够在短时间内捕捉众多高质量的清晰地面影像，便于后期精准地生成地形三维模型，是无人机RTK测绘硬件系统中最为关键的组成部分。在实际应用过程中，通常需要在多旋翼无人机系统的下方位置通过机械固定的方法将影像获取系统牢牢连接。同时，在无人机飞控通信系统和相关数据线的作用下，为无人机的平稳运转提供必要的电力支持。

而构建RTK定位系统的主要目的在于能够更全面地收集地面控制点回传的数据信息，为数据处理校正和三维模型的构建提供充分的可能性。RTK定位系统能够在原有基础上提高参考点坐标和地面控制点所捕捉信息的精确性。与常见的GPS定位系统相比，RTK定位系统的优势在于定位精准度有了大幅提升，精度以cm为单位，能实现高度误差可控。这是因为RTK定位系统在构建过程中利用了载波相位差分技术，因此接收机所收到的载波相位信息更加精准，在接收机上就可以直接完成解算坐标的求差任务，对定位信号偏差有着准确的判断。

在进行无人机航线规划时，工作人员需要先确定监测区域。因为无人机RTK测绘技术的应用包含了一种无信号区域的航线规划算法，即需要加入已有坐标信息，保证无人机可以在地形较为复杂的情况下进行自主作业，监测地形并采集数据。在实际作业之前，工作人员需要了解无人机作业的形式。无人机在监测时，一般会直线飞行，在到达一个航点时，会立刻读取第二个航点的位置，并且立刻调整飞行方向，按照规划好的航线向第二个航点飞行。在飞行过程中，无人机进行的是加速和减速飞向航点的行为，主要在采集区域上方1~2m的高度进行飞行。如果高度过高，采集精度就会降低；而高度过低，则可能会损伤无人机。在进行航线规划时，工作人员需要先标注障碍物，避免无人机在飞行时受到损伤。接着，工作人员要规划基础的无人机航线，然后对航线进行采样，生成航点。但是，在具体工作中，无人机只需要几个航点，因此需要将不必要的航点削减掉，以满足数据采集精度的需求，之后就可以上传航点进行作业。

7.4.4 建筑孪生三维可视施工控制技术

建筑孪生三维可视化技术的发展趋势呈现出智能化、数字化、可视化和协同化的特点。随着人工智能、虚拟现实、增强现实等技术的不断发展，该技术将会变得越来越智能化；数字化和可视化技术也将会更加完善，使得内容更加直观且易于理解；而协同化也将变得更加重要，使得不同领域的专业人员能够更好地协同工作。建筑孪生三维可视化技术是在BIM技术基础上进行的一种应用，它能够将建筑信息模型转化成动画形式，从而让人们更直观地感受到建筑的设计效果。随着BIM技术的发展和应用的普及，建筑孪生三维可视化技术也越来越受到重视。建筑孪生三维可视化技术的发展趋势主要有以下几个方面。

（1）移动端应用

随着智能手机和平板电脑的普及，建筑孪生三维可视化技术也将向移动端应用发展。未来，用户将能够更加方便地在移动端进行观看和使用。

（2）融合VR/AR技术

随着VR/AR技术的不断发展，建筑孪生三维可视化技术将会与这些技术进行融合，为用户提供沉浸式的体验。

人工智能技术将在交互动画中得到应用，例如，通过自动识别建筑设计中的瑕疵并提出改进建议等。

（3）经济环境因素

建筑行业是一个庞大的市场，交互动画的应用可以提高建筑设计和施工的效率和精度，降低成本和风险，这将会对整个建筑行业的发展产生积极的经济影响。以下是一些相关的经济环境因素。

建筑市场的需求：建筑孪生三维可视化技术的发展需要建筑市场对其有足够的需求，因此建筑市场的发展和变化对其发展具有重要影响。

投资和融资环境：建筑孪生三维可视化技术的应用需要投入大量资金，因此投资和融资环境对其发展至关重要。

人力资源和人才市场：建筑孪生三维可视化技术的发展需要专业的技术人才来支持，因此人力资源和人才市场对其发展也有重要影响。

市场竞争和创新环境：建筑孪生三维可视化技术的发展需要面对激烈的市场竞争，同时也需要不断进行创新来提高其竞争力。

（4）社会文化因素

随着人们对于建筑质量和安全的要求日益提升，建筑孪生三维可视化技术的应用变得愈发重要。在文化层面，它能够提供更直观、生动的建筑展示方式，更好地诠释建筑设计的理念。建筑孪生三维可视化技术的发展和应用受到社会文化因素的深远影响，以下是其中的几个关键方面：

数字化转型：随着数字化技术的广泛普及和应用，越来越多的行业开始了数字化转型的征程，建筑业也不例外。作为数字化建筑不可或缺的一部分，建筑孪生三维可视化技术符合数字化转型的潮流，因此得到了广泛的应用和推广。

人力资源：建筑孪生三维可视化技术的应用离不开相关技术人才的支持。在一些国家和地区，拥有丰富的BIM技术人才资源，为这项技术的广泛应用提供了有力保障。

建筑文化：建筑文化也是影响建筑孪生三维可视化技术发展的重要社会文化因素之一。在一些历史悠久的城市和地区，建筑文化的传承和保护具有举足轻重的社会价值。因此，在保护建筑文化的同时，采用先进的技术手段实现数字化保护和展示显得尤为重要。

消费者需求：消费者对建筑产品的需求同样会影响建筑孪生三维可视化技术的应用。例如，在房地产销售领域，消费者越来越倾向于通过数字化手段来了解和感受房屋的空间布局和环境氛围，这使得该技术在这一领域的应用越来越广泛。

(5)技术发展因素

建筑孪生三维可视化技术的应用离不开各种技术手段的支撑,如BIM技术、计算机图形学、虚拟现实、增强现实等。随着这些技术的不断进步和完善,建筑孪生三维可视化技术也将迎来更好的发展机遇。以下是影响该技术发展的几个关键技术因素。

计算机硬件的不断提升:随着计算机硬件性能的不断提升,计算速度和渲染效果得到了极大的提高,为建筑孪生三维可视化技术的应用和发展提供了强有力的支持。

软件算法的不断完善:软件算法的优化和完善也是推动建筑孪生三维可视化技术发展的重要因素之一。随着算法的不断改进,计算效率和渲染效果也得到了显著提升。

云计算的普及:云计算技术的普及使得建筑孪生三维可视化技术能够通过云计算平台进行快速渲染和处理,极大提高了其效率和应用范围。

VR/AR技术的应用:虚拟现实(VR)和增强现实(AR)技术的不断发展和应用,为建筑孪生三维可视化技术带来了更加丰富和多样化的表现形式,能够在设计阶段提供更为真实和直观的交互体验。

人工智能的应用:人工智能技术的引入使得建筑孪生三维可视化技术更加智能化和自动化,提高了其应用效率和精度。

BIM技术的推广和普及:随着BIM技术的不断推广和普及,建筑孪生三维可视化技术也得到了更为广泛的应用,成为建筑设计和施工过程中不可或缺的一部分。

综上所述,建筑孪生三维可视化技术在建筑、工程、建筑设计及施工等领域具有广阔的应用前景和市场潜力。在政策、经济、社会和技术等多重因素的共同推动下,该技术将不断发展和创新,为整个建筑行业提供更加高效、精准的服务和支持。

楼宇自控系统的架构通常都遵循三层架构的原则,即管理层网络、自动层网络和楼层网络。在楼层网络中,模块控制器会连接各种传感器,而标准的电表则可以直接接入楼层网络,并与上一级的自动层网络连接。自动层网络的控制器具备强大的运算和储存功能,能够记录各种采集的数据,并发出相应的指令(如控制阀门开度、电机频率等)。同时,这些控制器还会将这些数据反映到管理层网络,并传输到服务器,供操作人员监视和管理。这些数据既可用于常规的监测,也可作为AI/DI点来控制AO/DO的输出。大量的数据可以被建筑孪生三维可视化运维管理所利用,从而全面提升楼宇运维的管理水平,无论是对楼宇整体情况的监控还是对物业管理的效率提升,都解决了以往依赖人力难以控制的问题。

城市地下管道错综复杂,隐蔽性工程的问题往往牵一发而动全身。而技术的运用和拓展能够解决其中的大部分问题。利用先进技术可以建立一个完整且透明的城市地下管网专业信息数据库,从而更好地解决城市管网后期的运营及改造工程。将技术应用于地下管网信息系统的集成处理中,有助于更直观便捷地开发和利用城市的地下空间。该技术具备高度信息集成的数据分析能力,为城市的建设提供了强有力的技术支持。

地上建筑及管线优化协调的优越性可以延展到地下管线和市政设施中。通过结合地上建筑的三维信息模型,可以合成一个涵盖地上地下的组团级城市信息模型。这个信息模型不仅在形式上是一个更全面、更宏观的集合体,而且在数据信息上承载着更多可分析的价值,成为新兴城市规划管理的一个典范。大数据覆盖的城市信息模型可以应用于各个规划管理单元中,从单体建筑到小区、居住区,从单个公共建筑到整个商业街或公共建筑群。我们可以期待大数据为规划管理带来诸多便利。

7.4.5 分层超厚强夯施工技术

(1)项目概况

本项目位于云南某碳中和绿色示范产业园区,其土质富含氧化铁,贫砂质而富黏性,结构疏松,易发生水土流失。此外,项目地形为高边坡,常处于陡峭坡面,受雨水、地下水冲刷渗透等多重因素影响,土壤水分含量变化大。水分对土体力学性质和稳定性有重要影响。项目中,素填土与粉质粘土层采用重锤夯实法处理。

(2)成果现状及价值

分层超厚强夯施工技术是地基处理技术,常用于加固软弱地基或提高地基承载力。该技术现状可通过查阅学术文献、专业期刊及行业报告了解。分层超厚强夯施工技术的价值在于提高地基承载力和稳定性,适用于建筑、道路、桥梁等工程,有助于提升工程安全性和可持续性。

在高边坡工程中,该技术通过夯实加固地基,提高边坡稳定性和承载能力,有效防止滑坡、坍塌等地质灾害,保障人员财产安全,降低维护修复成本,减少环境影响。随着高边坡工程需求增加和土地资源有限,该技术价值将进一步凸显,成为解决高边坡工程安全隐患的重要手段。

(3)成果原理

①暗沟中设置渗水孔(图7-26),可以促进地下水渗透排水,降低地下水位,减轻地基承载压力,提高土壤稳定性。透水混凝土作暗沟基底材料,能够增加水平渗透能力,减缓水流速度,防止土壤侵蚀和沟槽冲刷,保护暗沟稳定性。设置搅碎杆打碎水流中土块和杂物,保持沟槽通畅,减少堵塞,提高排水效率。设置阻灌器防止暗沟内土壤被冲刷侵蚀,保护暗沟结构完整性和稳定性,延长使用寿命。采用橡胶模制作暗沟,可以提高耐腐蚀性和耐磨性,减少维护成本,延长使用寿命。

图7-26 排水暗沟施工现场照片

②强夯施工时，夯机通过挪动夯锤位置实现多夯位夯击，挪动过程缓慢，会产生连续的夯锤平面坐标数据。夯锤锤击地面产生夯坑，在施工状态下，夯锤位置即为夯坑位置。每个夯位夯击9次，约10min，产生约300个时间序列数据。由于夯机持续振动且现场电磁环境复杂，易导致多种误差。因此，采用锤体定位夹持装置来提高强夯机定位的精度和稳定性，确保工程质量和安全。通过控制夹持力，夹持装置将锤体牢固地夹持在定位位置，避免在夯实过程中出现移动或晃动，确保夯击的准确性和稳定性。夹持装置的设计能够使锤体对准目标夯实位置，确保每次夯击都能精准地作用在地基上，提升夯实效果和工程质量（图7-27）。

图7-27 强夯施工现场照片

③强夯机在夯击过程中产生的剩余能量，通过机械装置或电子传感器捕获并转换为电能，被储存在能量储存块（如电池或超级电容器等）中。存储的电能主要用于供应强夯机或其他施工设备的励磁需求。实现能量的再利用和储存，从而减少能源消耗，降低施工成本，同时也有利于减少对环境的影响，促进可持续发展。

（4）成果创新点

创新点1：创新性采用"渗水孔+透水混凝土+搅碎杆+阻灌器+橡胶模"的结构，优化暗沟排水系统，汇集导排水流的同时可对沟体进行疏通，降低土体浸润线，有效控制土体沉降和滑坡的风险。

创新点2：采用锤体定位夹持装置，提高强夯机定位的精度和稳定性，确保工程质量和安全。

创新点3：在强夯施工中，利用能量储存块将剩余夯击能转化为电能进行存储，满足强夯块的励磁需要，提高资源利用率，确保绿色低碳施工。

（5）关键技术线路及方案

①关键技术线路

根据设计要求，在地面上标示夯坑位置的具体坐标或边界线，以便后续夯击定位。使用GPS等定位工具，在夯坑位置预先设置夯点，并记录其精确坐标。在夯坑点上，通过夯击设备逐个夯实夯点，根据预先设定的坐标进行精确定位，确保夯点位置准确。在强夯机上安装夹持装置，通过控制夹持力将锤体牢固地夹持在定位位置。

在夯击过程中，利用地表位移监测仪器或夯击深度监测设备实时监测夯击效果，根据监测数据及时调整夯点位置和夯击参数。在夯击点上，安装能量储存块，将剩余夯击能转化为电能进行存储。

②主要施工技术方案

a. 根据设计要求，在地面上标示夯坑位置的具体坐标或边界线，使用GPS等定位工具，在夯坑位置预先设置夯点，并记录其精确坐标。在夯坑点上，通过夯击设备逐个夯实夯点，根据预先设定的坐标进行精确定位，确保夯点位置准确。强夯点位布置图如图7-28所示。

图 7-28 强夯点位布置图

b. 在强夯机上安装夹持装置，通过控制夹持力将锤体牢固地夹持在定位位置，以确保夯击的准确性和稳定性（图 7-29）。

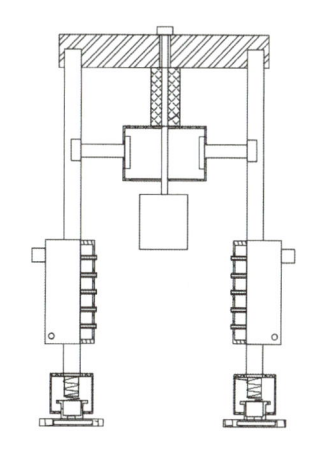

图 7-29 强夯机械夹持装置图

c. 在夯击过程中，利用地表位移监测仪器或夯击深度监测设备实时监测夯击效果，并根据监测数据及时调整夯点位置和夯击参数。调试和检测强夯机等施工设备时，确保其稳定可靠，并设置监测点位，实时监测夯土的密实度和变形情况。

d. 在夯击点安装能量储存块,将剩余夯击能转化为电能进行存储,实现能量的再利用(图 7-30)。

```
划分区域 → 面上标示夯坑位置的具体坐标 → 定位夯击点 → 控制夹持力将锤体牢固地夹持在定位位置 → 夯击设备逐个夯实夯点
    ↓
夯击实时监测 → 夯击点安装能量储存块 → 能量存储 → 下一个夯击点
```

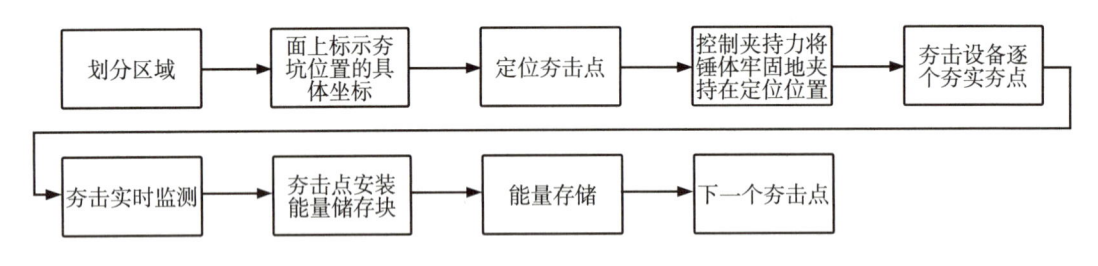

图 7-30 夯击能存储示意图

(6)质量保证措施

①制定合理的分层超厚强夯施工方案,明确夯土层厚度、夯击能量、夯实次序等关键参数,确保施工过程中夯土的均匀性和稳定性。

②对强夯机等施工设备进行调试和检测,确保其工作稳定可靠。同时设置监测点位,实时监测夯土的密实度和变形情况。

③在施工过程中进行质量控制,包括对夯土层厚度的控制、夯击能量的调整等,确保施工质量符合设计要求。

④使用自动化和高精度的夯击设备,确保每次夯击能量和位置精准控制,防止偏离设计夯点。

⑤施工过程中,利用地表位移监测仪器和夯击深度监测设备实时监测夯实效果,根据监测数据及时调整施工方案。

(7)安全文明保证措施

①进入施工现场须配戴安全帽,不得穿拖鞋、高跟鞋或赤脚作业,禁止酒后上班。

②施工用的电器设备等须有安全防护装置及接地、接零措施,用电设备的金属外壳必须与专用保护零线连接,保护零线应由工作线、配电的零线或第一级漏电保护器电源侧的零线引出。

③配电箱实行"三级配电,两级保护"措施。架空线路须采用足够的绝缘强度、机械强度与导电能力的绝缘导线,禁止使用绝缘层破损、老化的导线。

④施工现场架设的输电线路采用"三相五线"制,一根导线只允许一个接头。电焊机二次线的地线不得用金属构件或结构钢筋代替,电焊机的二次线须匹配且不得破损。

⑤施工现场临时用电须由专业电工操作并持证上岗,禁止乱接乱搭,防止事故发生。

⑥起重设备开关采用按钮式开关,使用前须检查其安全起吊能力。提升吊钩须设置弹簧式防脱钩保险装置,牢固可靠;定期检查提升吊桶,确保钢丝绳无断丝。

⑦施工现场用电须采用三级配电、二级保护。所有设备须按"一机一闸一漏电"的保护装置进行安装。

⑧施工前应平整场地,清除浮土及坡面危石,做好孔口四周排水,搭好孔口雨棚,防

止雨水进入或物体掉落。施工起吊过程中禁超载提升，及时对吊绳等进行检查、更换，不得使用不合格吊绳。

⑨当孔深度超过 5 m 时，每天开工前、每班下井前应检测有毒气体和氧气浓度，孔内配备应急爬梯和必要的救援器材、药品等。

（8）节能环保措施

①噪声控制：水磨钻钻孔过程中，现场应做好隔声防护处理，以降低施工过程中的噪声。

②施工现场做到道路畅通，整洁无垃圾，操作地点保持整洁、干净，做到完场清。

③材料、机具、构件应分类堆放，摆放整齐；现场机具设备应标识明确、整洁；施工现场的临时用电线路应搭设规范，整齐有序，安全装置灵敏可靠；工具棚内外干净整洁，工具摆放整齐，禁止乱丢材料、工具及其他杂物。

④施工过程中钻取的岩芯应按要求进行处理，不得随意丢弃，乱丢乱放。

⑤施工现场人员及时清理落地灰，保持场容场貌整洁干净。

⑥建立工程与地下水环境影响互馈影响评价体系，倡导地下工程施工从"工程优先"转变到"生态优先"的设计理念，从以排为主到以堵为主。

⑦临时设施与周围环境融洽和谐，噪声排放达标，符合《建筑施工场界环境噪声排放标准》（GB 12523—2011）中的相关规定，无居民投诉。

⑧污水排放达标，生产及生活污水经沉淀后排放，达到《纯氮、高纯氮和超纯氮》（GB/T 8979—2008）标准规定。

⑨控制粉尘排放，无风时土方工程目测扬尘高度低于 1.5 m，符合 ISO 14001：2015 环保认证的要求，达到"零污染"目标。

（9）成果转化基本思路

本科技成果采用自主研发、自主投资、自行实施应用的方式，计划于 2023 年 2 月至 2024 年 12 月在依托项目中推广应用。

成果转化是将科研成果转化为应用于实际生产和社会应用的过程，其基本思路包括以下几个方面：

①设定清晰的转化目标，了解市场需求和应用领域，确保科技成果能够解决实际问题或带来明显的经济效益。

②进行知识产权保护，对科技成果进行专利申请、商标注册等，防止成果被未经授权使用或复制。

③对科技成果进行全面评估，识别其技术优势和不足，进行技术优化和改进，提升其市场竞争力和应用性。

④进行市场调研，了解目标市场的需求、竞争状况和潜在客户，确保科技成果能够满足市场的实际需求。

⑤寻求合作，与企业、投资机构、行业协会等合作，利用他们的资源、渠道及经验，加速科技成果的转化。

⑥制定科学合理的商业化路径,包括产品开发、生产制造、市场推广等,将科技成果转化为具有市场价值的产品或服务。

⑦多渠道进行科技成果的推广,通过展会、研讨会、媒体宣传等方式扩大影响力,促进应用。

通过以上这些方法,可以有效推动科技成果的转化,使其发挥最大效益,推动科技创新与经济发展。

（10）经济效益及社会效益

通过埋设管道等方式,暗沟排水系统减少了地表排水设施的建设,节省了土地利用成本。暗沟排水系统可以更有效地排水,减少排水设施的磨损和维护成本,延长使用寿命,提升土地的利用价值。

精确定位夯坑位置可以减少误差,避免重新施工和调整,提高施工效率,降低施工总体成本。精确定位夯坑位置有助于提升工程的整体质量,减少工程质量问题带来的维修和返工成本,降低施工过程中的安全隐患和事故发生的概率,保障施工现场的安全生产。精确定位夯坑位置有助于合理利用土地资源,避免资源浪费。

在强夯施工中,利用能量储存块将剩余夯击能转化为电能进行存储可以有效地利用能源资源,降低能耗成本,提高施工效率,同时,减少对传统能源的依赖,减少环境污染和碳排放,有利于环境保护和可持续发展。

（11）现场照片（图7-31～图7-36）

图7-31　压实度检测

图7-32　触探检测作业

图 7-33 平板载荷试验

图 7-34 排水暗沟施工

图 7-35 强夯数据分析

图7-36 现场文明施工

7.4.6 超高填方地段强夯搭接面控制BIM技术

（1）BIM技术在强夯搭接施工中的应用

强夯搭接施工是地基处理中的重要方法之一。它通过强烈的冲击压实土壤，提高地基的承载力和稳定性。然而，随着建筑规模的扩大和工程要求的提升，传统的施工管理方法已无法满足现代强夯搭接施工的需求。BIM技术作为一种新兴的施工管理工具，能够集成工程项目的各种信息，为施工管理提供全面的数据支持。因此，研究基于BIM技术的强夯搭接施工管理有重要意义。

（2）应用现状及技术价值

①应用现状

BIM技术在建筑行业已广泛应用，尤其在施工管理和质量控制方面。在超高填方地段，BIM模拟可以优化强夯施工方案，预测并有效规避施工中可能出现的问题。BIM模拟技术结合强夯施工，可以提高施工，尤其是在填方路基的稳定施工中的效率和质量。

②技术价值

BIM技术可以促进设计团队、施工团队和业主之间的信息共享和协作，降低沟通成本。BIM模拟有助于提高建筑项目的效率和质量，通过三维模型和相关数据，提前进行模拟和分析。在超高填方地段的强夯施工中，BIM模拟可以实时监控施工过程，及时调整施工方案，减少施工中的错误和风险，提升项目的质量和可持续性。

（3）成果原理

《超高填方地段强夯搭接面控制BIM模拟技术研究与应用》采用BIM模拟技术，安装监测装置，在强夯深度测量装置伸缩杆固定端的侧壁上设置限位板，收集监测数据。形成夯击次数与夯击能转换计算公式，有效地控制搭接面夯击质量。夯击搭接面智能控制平台如图 7-37 所示。

图 7-37 夯击搭接面智能控制平台

分段强夯施工中，在强夯搭接时，确定合适的搭接宽度，确保相邻夯击点之间有足够的重叠区域，实现整体加固。利用滚轮传力装置进行质量监测，控制夯击搭接面质量。下一层施工到夯接施工缝时，采用分层错位等方式，确保夯实效果的整体性和连续性。分段强夯施工现场监控平台如图 7-38 所示。

图 7-38 分段强夯施工现场监控平台

在数据采集时，利用伸缩杆作为测量装置，以适应夯锤的下降和上升。在固定端的侧

87

壁上设置限位板，通过调整限位板的位置或角度，可以调节伸缩杆与液压杆（或夯机的驱动杆）的安装轴线平行度。确保两者轴线平行，旨在避免在夯击过程中产生侧向力或弯曲力矩。同时，保证伸缩杆的伸缩端在夯击过程中能够自由伸缩，不受其他力的干扰，从而确保测量的深度数据准确无误。

收集强夯施工过程中的现场检测数据，包括夯击次数、夯击能量、土体的物理和力学性质（如密度、含水量、压缩模量等），以及施工前后的土体力学性能指标。利用BIM软件建立强夯区域的三维模型，模型应包含土层分布、夯击点布置、夯击顺序等信息，并根据实际地质条件和施工参数进行精确设置。

运用数值模拟软件（如有限元分析、离散元分析等）对强夯过程进行模拟。在模拟中，需要考虑土体的非线性行为、夯击力的传递、土体的应力-应变响应等因素。通过将现场检测数据与数值模拟结果进行对比，对模拟参数进行调整，以提高模拟的准确性。这个过程可能需要多次迭代，直至模拟结果与实测数据吻合。分析模拟结果和现场数据，总结夯击次数与夯击能量之间的关系，以及它们对搭接面夯实效果的影响。基于上述分析，形成夯击次数与夯击能量转换的计算公式。这个公式可以用于预测不同夯击次数下的夯实效果，进而调整施工参数以满足设计要求。

（4）成果创新点

创新点1：通过滚轮传力装置（图7-39），优化夯实度检测结构，有效控制夯击搭接面的质量，确保夯实效果的整体性和连续性。

图7-39 滚轮传力装置

创新点2：在强夯深度测量装置伸缩杆（图7-40）固定端的侧壁上设置限位板，调节伸缩杆与液压杆安装轴线平行度，有效避免了测量过程中伸缩杆的伸缩端异常受力，确保了强夯深度测量数据的准确性。

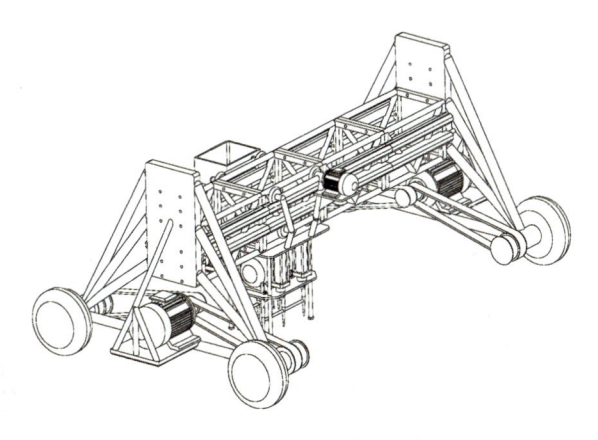

图 7-40　可调节伸缩杆

创新点 3：使用 BIM 模拟技术，结合现场检测数据对强夯搭接面的夯实效果进行数值模拟反演分析，总结规律，形成夯击次数与夯击能转换公式，通过夯击次数有效地控制搭接面的夯击质量。

夯击沉降量 D 与加固深度 H 的传递规律如图 7-41 所示。

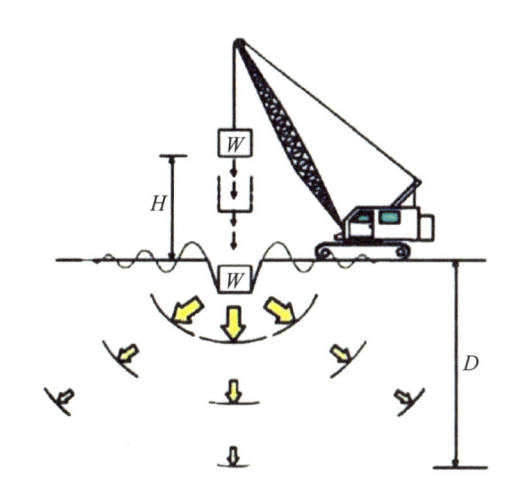

图 7-41　强夯能量传递示意图

（5）关键技术线路及方案

①施工项目分解、流程设计与 BIM 技术应用管理

将整个施工项目分解为多个施工阶段或工序，明确每个阶段的任务和目标。设计施工流程，确保工序的逻辑关系和时间顺序，避免工序间的冲突和延误。根据施工流程和工序需求，合理配置人力、物资、设备等资源，优化资源使用效率。使用 BIM 技术或其他模拟工具，对施工方案进行三维模拟，预测施工过程中可能出现的问题。利用 BIM 技术进行施工过程的实时监控，及时收集施工数据，评估施工进度和质量。利用 BIM 技术实时监控施工过程，收集各种信息，包括设计变更、施工日志、质量检测报告等，实现信息的快速查询和有效管理。夯击现场照片如图 7-42 所示。

图 7-42　夯击现场照片

②搭接面施工缝处理与模拟

在施工前,详细分析施工流程,确保施工过程中各环节有序衔接,合理安排施工顺序和时间,以实现高效施工。

搭接面施工缝处理与模拟包括施工前流程分析、搭接宽度确定、分层错位处理,以及利用 BIM 软件和数值模拟软件进行强夯过程模拟等内容。搭接面智能监控平台与数据统计(图 7-43)模拟土体的非线性行为、夯击力的传递及土体的应力-应变响应等。

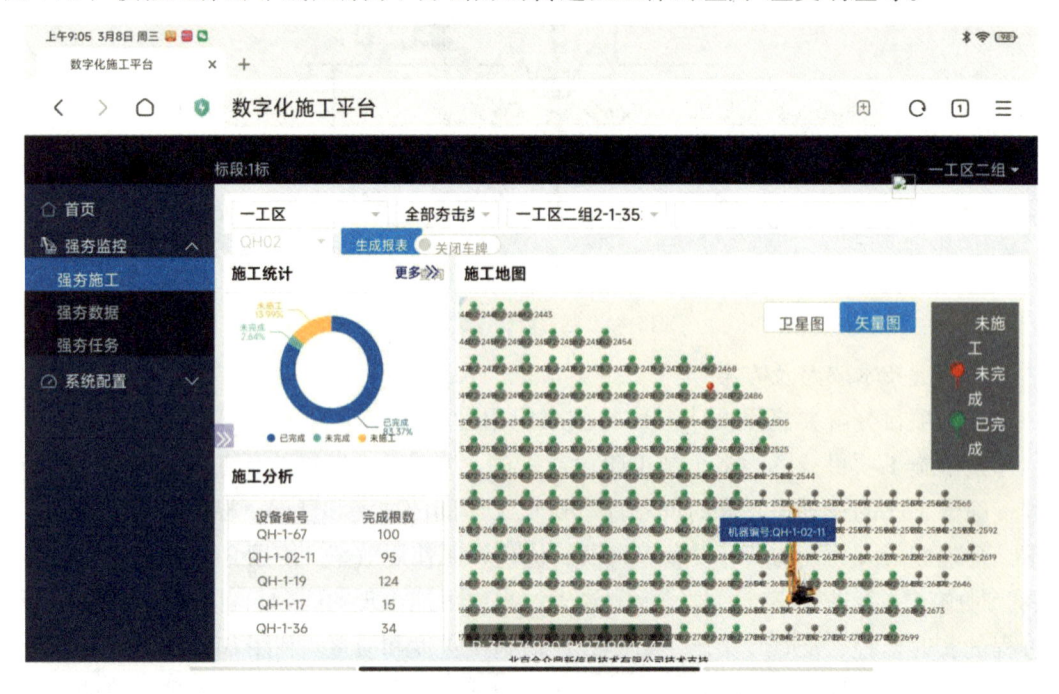

图 7-43　搭接面智能监控平台与数据统计

③搭接面施工质量智能监测

利用滚轮传力装置进行质量监测，控制夯击搭接面质量。在强夯深度测量装置伸缩杆的固定端侧壁上设置限位板，通过调整限位板的位置或角度，调节伸缩杆与液压杆的安装轴线平行度，确保测量数据的准确性。

④数值模拟分析与优化

在超高填方地段强夯施工中，强夯搭接面施工数值模拟分析有助于预测和优化施工效果。首先，收集施工现场的地质数据、土体物理和力学性质，利用BIM软件或其他数值模拟软件建立施工区域的三维数值模型。其次，根据地质条件和施工参数设置模型的边界条件、初始条件和材料属性。再次，运用数值模拟软件对强夯施工过程进行模拟，包括夯击力的传递、土体的应力与应变响应等。最后，对土体的变形、应力分布、密实度变化等进行分析，并与现场检测数据进行对比验证。根据模拟结果和现场数据，调整模型参数，优化施工方案，以提高模拟的准确性和施工效率。基于模拟分析，形成夯击次数与夯击能量转换的计算公式，用于施工过程中的质量控制。在施工过程中，应用监测技术收集施工数据，并与数值模拟结果进行对比，实现施工过程的动态调整。强夯搭接面施工数值模拟分析流程图如图7-44所示。

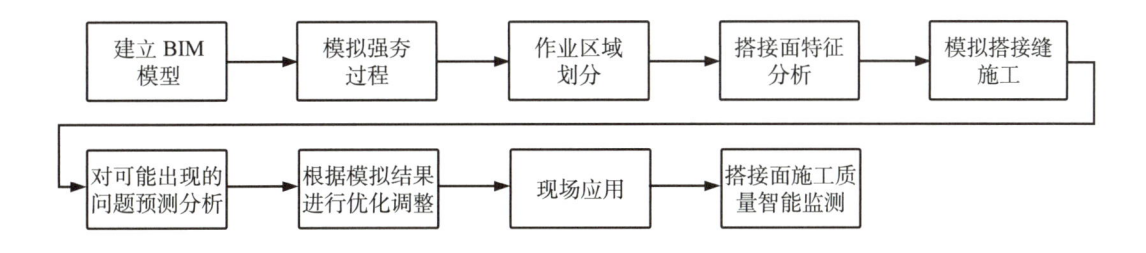

图7-44 强夯搭接面施工数值模拟分析流程图

⑤施工技术参数调整

在收集施工现场的具体数据时，获取土壤类型、密实度、含水量、压缩模量等土体力学性质。同时，记录施工过程中的相关数据，包括夯击次数、夯击能量、沉降量等。利用数值模拟软件对施工过程进行模拟。根据地质条件和施工参数设置模型，并进行初步的模拟分析。随后，将模拟结果与现场监测数据进行对比，校准模型参数，提高模拟的准确性。通过分析模拟结果，确定关键的施工技术参数，如夯击次数、夯击能量、搭接宽度等。在施工过程中实施实时监控，收集施工数据，评估施工质量和进度。根据施工过程中的实时数据和反馈，动态调整施工技术参数。此外，利用BIM技术进行碰撞检测，确保施工设备与环境的兼容性。结合BIM模型和现场监测数据，实现对施工质量的实时监控。

（6）质量保证措施

①施工前的质量控制：在施工前，利用BIM技术进行施工方案的模拟，确保施工方案的可行性和安全性。通过BIM模型，可以对施工过程进行预演，提前发现潜在的问题和冲突，从而在施工前进行优化。

②材料质量控制：BIM 模型可以储存大量的建筑构件和材料信息，通过软件平台可快速查找所需的材料及构配件信息，包括材质、尺寸要求等。在强夯施工中，需要对回填材料进行严格的质量控制，确保其满足设计和施工要求。

③施工过程模拟：利用 BIM 技术进行施工过程的三维模拟，可以预知实际施工中可能遇到的问题，并提前规避。对于强夯施工，可以模拟夯击过程，优化夯击参数，减少施工的不确定性。

④碰撞检测：BIM 技术可以进行碰撞检测，及时发现硬碰撞和软碰撞问题，并进行调整。在强夯施工中，碰撞检测可以用于确保夯击设备与周围环境兼容，避免施工过程中的冲突。

⑤结合 BIM 模型和现场监测数据，可以实时监控施工过程，及时调整施工方案，确保施工质量。对于强夯施工，监测夯击效果（如夯沉量、土体密度等）是保证施工质量的重要措施。

⑥质量信息集成：BIM 技术具有高集成化的特点，可以方便地查询和收集质量信息，对整个工程进行逐一排查。在强夯施工中，可以集成施工过程中的各种质量信息，便于质量追踪和管理。

（7）效益评价

①经济效益

通过 BIM 模拟技术，在施工前对超高填方地段强夯搭接面进行精确模拟分析，从而优化施工方案，减少施工过程中的返工和错误，降低成本。BIM 技术能够实现工程量的精确计算和成本控制，提升预算编制的效率和准确性，有效控制项目成本。在施工过程中，BIM 模拟有助于资源的合理分配和管理，减少资源浪费，提升施工效率。

②社会效益

BIM 模拟技术的应用可以提升施工质量，减少施工安全事故，保障施工人员的安全。通过 BIM 模拟，可以提前发现并解决设计和施工中的问题，减少工期延误，加快施工进度。此外，BIM 技术的应用还有助于提升企业的技术实力和市场竞争力，增强企业形象和品牌价值。

③环境效益

BIM 模拟技术可以辅助实现绿色施工，优化施工方案，减少对环境的影响，降低施工过程中的能耗和废弃物排放量。

④技术效益

BIM 技术的应用促进了建筑行业的技术创新和信息化管理，提升建筑行业的技术水平和项目管理能力。

（8）现场照片（图 7-45～图 7-47）

图 7-45 搭接面质量检测作业图 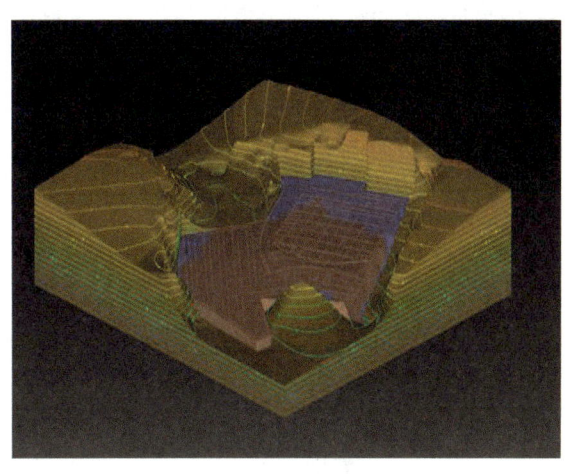　　　图 7-46 强夯作业三维模型图

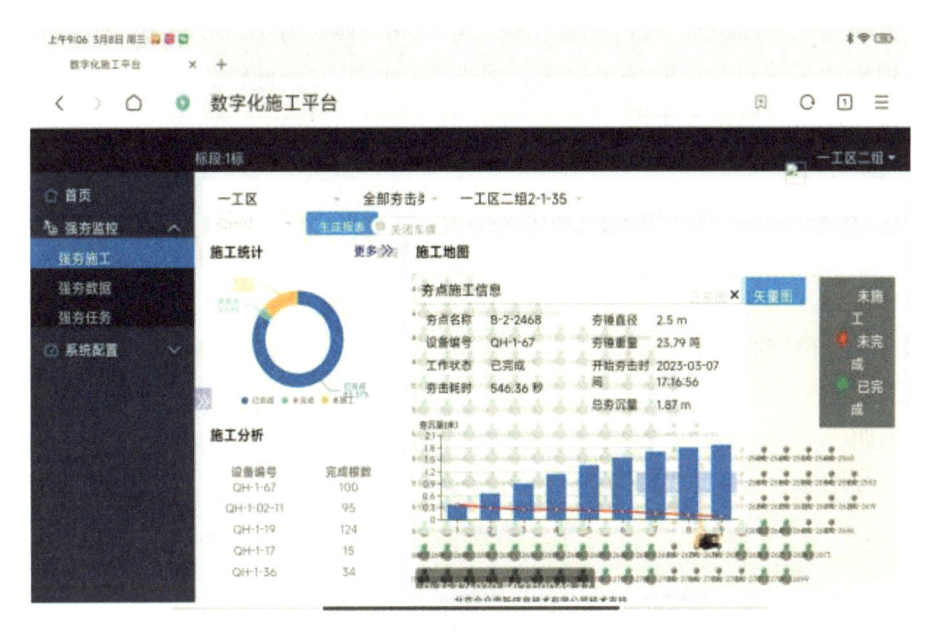

图 7-47 数值模拟分析对比图

7.4.7 "双碳"背景下高边坡 BIM 施工技术

（1）项目概况

本项目位于云南泸西碳中和绿色示范产业园区，土质富含氧化铁，贫砂质而富黏性，结构疏松，容易发生水土流失。项目地形为高边坡，陡峭的坡面通常受到多种因素的影响，如重力、水流、地震等，容易发生滑坡、崩塌或坡面塌方。坡面的斜度和高度使边坡土壤受到较大的重力压力，这会导致土壤颗粒之间的接触力减小，土壤呈现较松散的状态。同时，高边坡土壤常受到雨水的冲刷和地下水的渗透，导致土壤水分含量变化。水分会影响土体的力学性质和稳定性，通过三维可视化，在施工中可以直观地理解复杂的边坡结构和

施工要求,从而提高施工效率。此外,在施工前对边坡工程进行精确的规划和设计(如支护结构、排水系统等),可避免施工误差和返工。

(2)成果现状及价值

①BIM技术能够精确模拟和分析高边坡施工,优化施工方案,避免施工错误和返工,提升施工效率和质量。

②BIM技术有助于实现施工过程中的能源管理,通过合理规划能源使用,降低能源消耗和碳排放,符合"双碳"(碳达峰、碳中和)的目标要求。在"双碳"背景下,BIM技术的应用促进了绿色施工的实施,通过优化施工方案和材料使用,减轻对环境的影响,实现建筑业的可持续发展。BIM技术结合物联网、大数据等现代信息技术,实现了高边坡施工的智能化管理,增强了施工过程的监控和控制能力。

③通过BIM模拟,可以预见施工过程中可能遇到的问题和风险,及时采取措施规避,降低施工风险。BIM技术的应用为建筑行业从业者提供了新的学习和培训平台,有助于提升工作人员的技能和知识水平,特别是在绿色建筑和双碳目标方面的认知和实践能力。BIM技术的应用推动了建筑行业的技术创新,促进了新技术、新材料、新工艺的研发和应用,提升了建筑行业的整体技术水平。

(3)成果原理

"双碳"背景下高边坡BIM施工技术应用研究的工艺原理是利用GIS与BIM技术,将图纸建模形成边坡虚拟模型(图7-48),在高边坡段安装监测装置(图7-49)。利用无人机、采集车采集边坡变形监测数据,进行数据分析、处理。通过虚拟动态模型数据反馈与实际监测数据对比,预知高边坡形变预警点,优化施工质量,从而增强高边坡形变监控的综合管理控制能力。

①建模图

通过设计图纸,利用BIM建立可视三维模型(图7-48)。

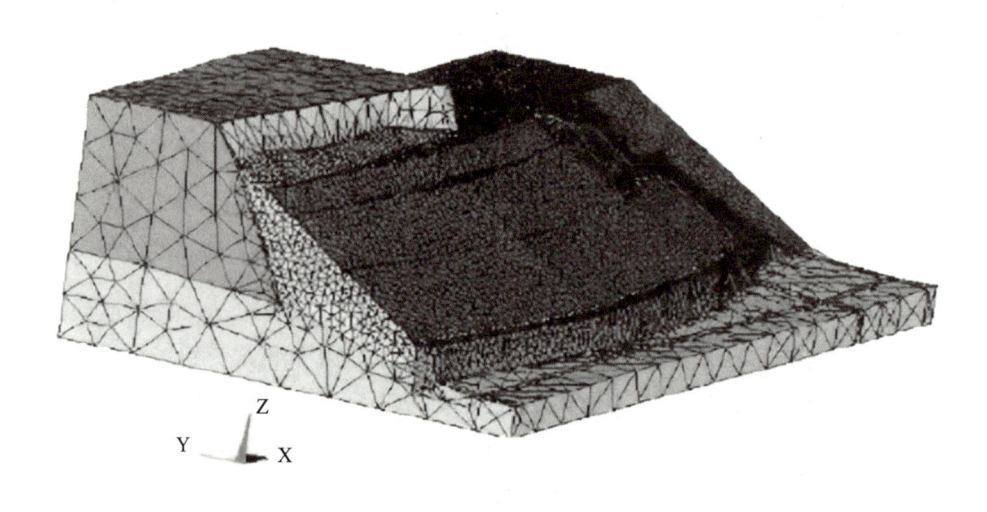

图7-48 高边坡三维模型图

图 7-49 高边坡变形监测装置图

②无人机监测

无人机采集数据,与理论系统模型进行对比,以评估实际采集系统的性能和效率,验证设计是否满足施工质量要求,比较不同的设计方案,以便优化方案。提取特征点三维坐标,结合摄影测量和结构光扫描的原理,生成边坡的点云数据。点云数据进一步通过三角网格化技术转化为三维表面模型,实现边坡的三维数字化表达。通过对比不同时间点的三维模型,可以分析边坡的位移、变形等动态信息。在边坡模型上设定特定的检测点,通过比较这些点在不同时间的坐标变化来计算位移。利用专业分析软件(图 7-50)对监测结果进行详细分析,以评估边坡的稳定性和潜在风险。

图 7-50 边坡变形无人监测设备图

③变形预警点对比分析

采用GIS中的空间数据与BIM建筑数据进行集成（图7-51）。利用BIM技术创建高边坡的三维模型，涵盖边坡的形状、大小、位置、高度及坡度等特性。GIS可以提供地形环境信息，这些信息可以整合至BIM模型中。

图7-51　GIS空间数据采集设备图

在烟气排放管上安装的采样探头负责从排放源中采集气体样本。采样探头安装示意图如图7-52所示。随后通过传输管线将样本送至分析仪器，对采集的气体样本进行精确测量。这部分设备负责采集、处理及存储监测数据，包括数据采集与控制系统、数据处理系统及远程通信系统，分别负责控制采样与测量频率、计算排放浓度和累计排放量，以及将数据传输至数据监控中心。

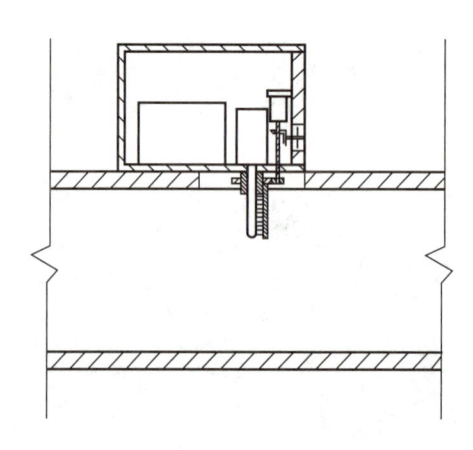

图7-52　采样探头安装示意图

在监测采集车上安装重力陀螺仪（图7-53），以确保采集车在采集数据时始终保持水平状态。采集完成后，数据被传送至BIM模型，实现实时自动监测，保障边坡变形监测（图7-54）的质量。

图 7-53 边坡监测所用的重力陀螺仪图

图 7-54 边坡自动监测现场图

通过模型计算得出边坡的安全系数、位移、位移速率、位移加速度等参数,作为模型预警的依据。将无人机监测及数据采集车采集获取的实际数据与模型预警结果进行对比分析,评估模型预警是否能够提前识别潜在的滑坡风险,并与实际监测数据中的异常变化相匹配。根据对比分析的结果,评估模型预警的准确性、及时性和可靠性,如图 7-55 所示。

(4)成果创新点

①利用重力陀螺仪原理,在防护板上球接监测设备,使设备在各种工况下采集数据时均能保持水平状态,确保边坡变形监测质量。

②合理优化碳排放监测装置结构,通过在排放管上增设碳排放监测段安装箱,有效解决管道清理期间不能持续监测的问题,提高监测精度。

③基于 GIS 与 BIM 技术,对比虚拟模型预测结果与实测数据,优化施工质量控制模型,从而提出高边坡形变监控的综合管理策略。

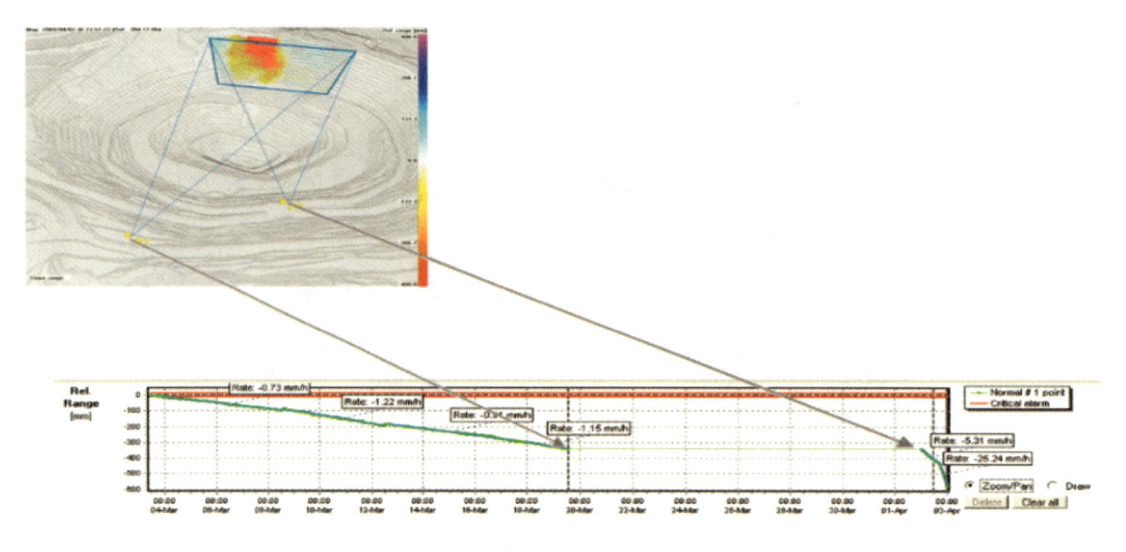

图7-55 边坡变形模拟分析图

（5）关键技术线路及方案

①数字孪生

收集高边坡地区的详细地理、地质、环境和施工数据。利用BIM技术构建高边坡施工项目的三维数字模型，在虚拟环境中创建与实际施工项目对应的数字孪生模型，能够反映物理实体的属性和行为。集成来自现场传感器、监控系统和施工设备的实时数据，通过物联网技术实现数据的自动采集和传输，运用数字孪生模型模拟施工过程，包括施工方案、施工进度和资源分配。分析施工过程中可能出现的问题和风险，进行预测性维护。

②现场监测

首先选择合适的监测设备（图7-56），安装于关键位置，全面捕捉高边坡的动态变化。建立自动化的数据采集系统，实时收集监测数据。利用无线或有线通信技术，将监测数据传输至中央监控平台，将采集到的监测数据与BIM模型进行集成，形成数字孪生模型。

运用数据分析技术（如机器学习、数据挖掘）对监测数据进行深入分析。实现实时监控，及时发现高边坡的异常变化。根据预警阈值，自动触发预警机制，采取相应的应对措施。根据监测数据分析结果（图7-57）调整施工方案和进度，优化施工资源分配，提高施工效率，降低施工风险。

图7-56 边坡变形监测设备图

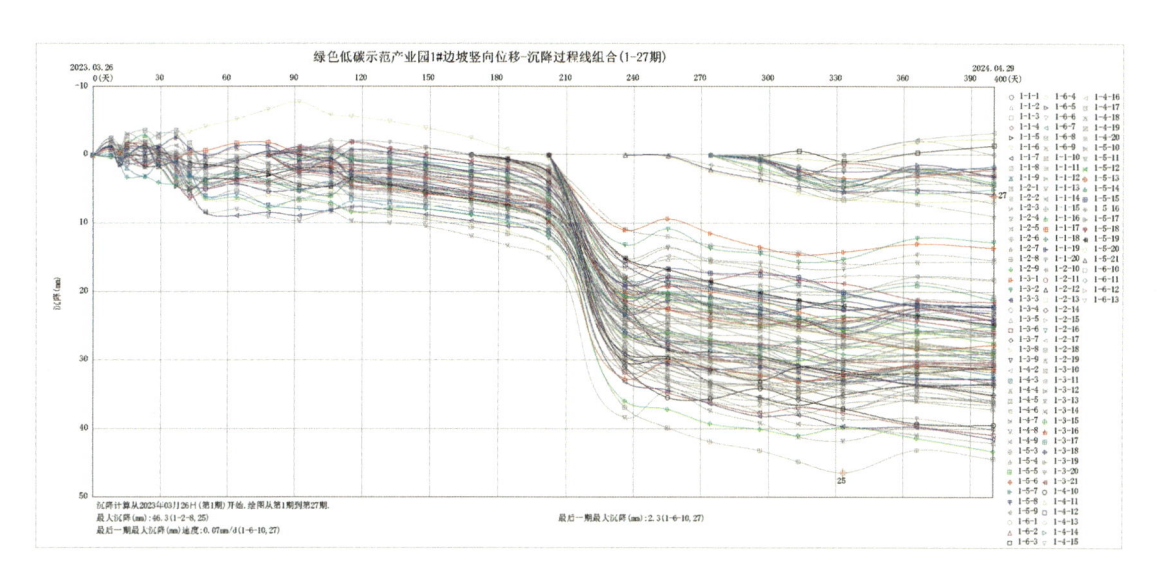

图 7-57 边坡变形时程曲线图

③GIS 反演分析

通过监测数据与各阶段模型对比，优化施工方案，监测高边坡预警点。

④施工技术参数调整

a. 施工前准备：详细调查地质和环境条件，收集必要的数据，利用 BIM 技术建立高边坡施工的三维模型。

b. 参数设定与模拟：根据地质条件和设计要求，设定施工技术参数（如土方开挖的深度、边坡的稳定性参数等）。运用 BIM 模型模拟施工过程，预测施工效果和潜在的问题。

c. 环境影响评估：评估施工活动对环境的潜在影响（如噪声、粉尘、水土流失等）。根据评估结果，调整施工技术参数，以减少对环境的负面影响。

d. 能源消耗与碳排放分析：分析施工过程中的能源消耗和碳排放情况。根据双碳目标，调整施工方案，优化能源使用，减少碳排放。

e. 施工方案优化：根据模拟结果和环境影响评估，优化施工方案，调整施工技术参数（如施工机械的选择、施工方法和施工顺序等）。

f. 施工过程监控：实施现场监测，收集施工过程中的实际数据。利用 BIM 模型和现场监测数据，实时监控施工进度和质量。

g. 参数动态调整：根据实时监控数据和施工反馈，动态调整施工技术参数，确保施工过程符合设计要求和安全标准。

（6）质量保证措施

利用 BIM 技术实现项目精细化管理，通过 BIM 模型的三维可视化、可模拟性、构件级信息组织及信息集成性等，实现施工过程中的精确控制和管理。

使用 BIM 技术模拟施工过程，提前发现并解决施工中的问题，减少返工和浪费。建立基于BIM技术的施工质量管理策略，通过BIM模型集成的工程信息，实时监控和控制施工质量。

在能源方面，通过能源替换和提升能源利用效率，降低碳排放，利用新技术支撑发挥能源效益。分析高边坡碳排放现状，识别关键环节，制定基于"双碳"目标的应对策略，推动建筑业的低碳转型。

在设计阶段就应考虑节能降碳，通过优化设计来减少材料消耗，提升建筑的能源利用效率，有助于实现绿色建筑目标。在施工过程中使用BIM技术和相关软件，提供准确、全面、一体化的信息，以提升施工质量和效率。

（7）节能环保措施

①高边坡设计优化

利用BIM技术进行高边坡的3D建模，可以准确模拟边坡的自然条件和工程扰动后的状态。通过对模型的分析，优化设计方案，减少开挖和填挖工作量，从而减少材料的使用并降低碳排放。

②施工过程模拟与优化

BIM技术可以用于模拟整个施工过程，提前发现设计与施工之间的冲突，并在施工前优化过程。这不仅可以减少材料的浪费和二次搬运的能耗，还可以避免因设计失误引起的返工，进一步减少能源消耗并降低碳排放。

③材料和资源的有效利用

BIM技术有助于精确计算所需材料的用量，减少材料的浪费。同时，利用BIM技术的生命周期评估功能，可以选择更环保、更高能效的材料和设备，进一步减少项目的碳足迹。

④施工现场管理

BIM技术可以提供更高效的施工现场管理，包括施工进度管理、资源管理和现场环境监控等。通过这些工具，可以有效控制施工现场的能耗和废弃物排放（如合理安排施工时间和顺序），减少能源消耗，避免环境污染。

⑤智能化施工设备调度

BIM技术可以与物联网（IoT）相结合，实现施工的智能调度和能源管理。例如，通过监测设备的能耗和维护状态，优化其使用效率，减少无效运行和能源浪费。

⑥后期维护和能效提升

在高边坡工程的设计和施工阶段，BIM技术可以用于模拟边坡的长期性能，包括排水、绿化和防止滑坡等。这些措施可以提高项目的长期环境效益和节能效果。

（8）经济效益及社会效益

①经济效益

通过优化施工方案和提高施工效率，减少材料浪费，降低施工成本。利用BIM技术进行精确计算和资源规划，减少不必要的开支。BIM技术的应用可以加快施工进度，缩短工程周期，进而降低总体施工成本。采用先进技术提升施工质量和效率，增强企业在市场上的竞争力。

BIM技术的应用有助于更好地管理项目，提高决策的准确性和效率。精确的数据分析和风险评估可以避免潜在的经济损失。优化施工流程和材料使用，减少能源消耗和碳排放，符合"双碳"目标。节能减排有助于降低企业的运营成本，同时可享受政府的税收优惠和补贴。

②社会效益

施工过程中采取有效措施减少对环境的影响，如控制噪声、粉尘，防止水土流失。保护自然资源，促进生态平衡，提升公众对企业环保责任的认可度。严格的安全管理措施保障施工人员和周边居民的安全，减少施工事故，提升公众对企业安全管理的信任度。

高质量的施工项目可以改善居民的居住环境，提高生活质量。通过绿色施工技术，为居民创造更加健康、舒适的生活空间。企业通过参与高边坡BIM施工技术应用研究，展现其社会担当。通过技术创新和环境保护，树立企业的良好形象，增强公众的认同感。该项目的成功实施可以为同行业提供示范，推动整个建筑行业的技术进步，促进行业内的知识共享和技术交流，提升行业的施工质量和效率。

（9）现场照片（图7-58～图7-63）

图7-58　原始地形图

图7-59　模拟地形图

图7-60　现场施工图

图7-61　施工过程数字孪生图

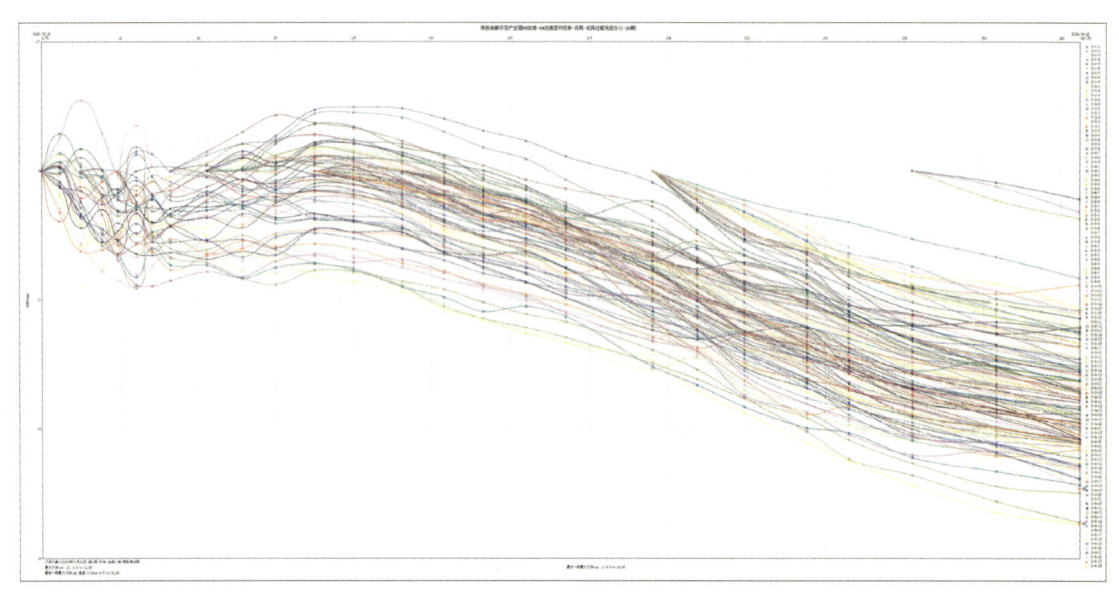

图 7-62 模拟变形数据图

云南碳中和示范产业园基础设施建设项目（场平、道路工程）
社会投资人暨合作工程总承包一标段
竖向位移观测记录表

工程名称：8#边坡竖向位移观测　　　　　　　　　　　　　　　　观测单位：云南碳中和示范产业园基础设施建设项目经理部

测量期次		第25次成果				第26次成果				第n次成果				第n次成果			
观测时间		2024年3月27日				2024年4月28日				年 月 日				年 月 日			
点号	初次高程(1)(m)	本期高程(m)	本期下沉量(mm)	累计下沉量(mm)	本期下沉速度(mm/d)	本期高程(m)	本期下沉量(mm)	累计下沉量(mm)	本期下沉速度(mm/d)	本期高程(m)	本期下沉量(mm)	累计下沉量(mm)	本期下沉速度(mm/d)	本期高程(m)	本期下沉量(mm)	累计下沉量(mm)	本期下沉速度(mm/d)
8-1-1	1818.1629	1818.1450	0.9	17.8	0.028	1818.1436	1.4	19.2	0.044								
8-1-2	1810.5546	1810.5356	1.5	19.0	0.047	1810.5339	1.7	20.7	0.053								
8-1-3	1810.4518	1810.4302	1.1	21.6	0.034	1810.4306	-0.4	21.2	-0.012								
8-1-4	1815.9079	1815.8902	0.8	17.7	0.025	1815.8896	0.6	18.3	0.019								
8-1-5	1818.5134	1818.4963	1.3	17.0	0.041	1818.4954	0.9	17.9	0.028								
8-1-6	1817.0948	1817.0703	1.8	24.4	0.056	1817.0698	0.5	24.9	0.016								
8-1-7	1813.5718	1813.5506	1.2	21.2	0.044	1813.5484	1.7	22.9	0.053								
8-1-8	1817.0230	1817.0013	-0.3	21.7	-0.009	1817.0002	1.1	22.8	0.034								
8-1-9	1811.8985	1811.8752	1.1	23.3	0.034	1811.8742	1.0	24.3	0.031								
8-2-1	1832.0317	1832.0116	0.9	20.0	0.028	1832.0102	1.4	21.4	0.044								
8-2-2	1827.2413	1827.2215	-1.0	19.8	-0.031	1827.2201	1.4	21.2	0.044								
8-2-3	1824.8088	1824.7926	1.6	16.1	0.050	1824.7912	1.4	17.6	0.044								
8-2-4#增补(3)	/	1823.3305	1.0	17.6	0.031	1823.3289	1.6	19.2	0.050								
8-2-5#增补(3)	/	1823.2814	0.6	12.1	0.019	1823.2802	1.2	13.3	0.038								
8-2-6	1823.0790	1823.0605	0.7	18.5	0.022	1823.0589	1.6	20.1	0.050								
8-2-7	1825.7126	1825.6953	1.7	17.2	0.053	1825.6946	0.7	17.9	0.022								
8-2-8	1826.0760	1826.0615	1.5	14.5	0.047	1826.0602	1.3	15.8	0.041								
8-2-9	1824.4968	1824.4805	1.0	16.3	0.031	1824.4798	0.7	16.9	0.022								
8-3-1	1841.9282	1841.9115	0.9	16.7	0.028	1841.9105	1.0	17.7	0.031								
8-3-2	1840.1915	1840.1716	0.9	19.9	0.028	1840.1705	1.1	21.0	0.034								
平均值	1821.0855	1840.4622	1.3	16.3	0.041	1840.4609	1.3	17.6	0.040								
观测间隔时间(天数)			365				32										

注：表中沉降数据正号（已省略）为下沉，负号为上隆。对于漏测数据，未进行内插，也不计入平均值计算。

观测员：　　　　　　　　　　　　记录员：　　　　　　　　　　　　复核员：

图 7-63 实际监测数据图

7.4.8 绿色低碳生态循环植生袋固坡防护关键技术

（1）项目概况

云南碳中和示范产业园基础设施建设项目（场平、道路工程）社会投资人暨合作工程总承包一标段，工程总投资达34010.00万元。主要建设内容包括产业园区地基处理、场地平整土石方及场地周边高边坡防护工程，用地面积共计5.45 km²。其中，场地平整工程挖方量为7119.5万 m³，填方量为6162.88万 m³；园区2号路延长线、3号、5号、6号道路总长7.08 km。高填方段边坡支护共有2处：1#边坡支护长度（以坡顶计）为1017.3m，边坡等级为1～5级，边坡填筑高度60.2m，石料填筑量达114.8万 m³，土工格栅铺设面积30.86万 m²，生态护坡防护面积5.74万 m²；8#边坡支护长度（以坡顶计）为1853.9m，边坡高度达59.92m，边坡等级为1～7级，石料填筑量65.75万 m³，土工格栅铺设面积56.20万 m²，生态护坡防护面积10.45万 m²。

绿色低碳生态循环植生袋护坡关键技术研究与应用项目依托于此工程的1#、8#高边坡防护工程，自主研发了绿色低碳生态循环植生袋护坡关键技术。该技术融合了土木工程、生态学和植物学原理，自主创新植生袋结构，优化植生基质土壤配合比及草籽播种工艺，同时创新性地将一体化生态稳固护坡技术与高边坡绿色自循环数字化养护技术相结合，实现了边坡生态的快速修复及绿化生物的智慧养护。与传统的边坡支护方法相比，该技术具有以下优势：

①快速绿化：植生袋中的植物种子在适宜的生长环境下可以快速发芽生长，实现边坡的快速绿化，绿化景观效果好，绿化覆盖率能达到100%。

②生态修复：通过植被的覆盖和生长，可以改善岩质边坡的生态环境，提高土壤的稳定性，减少水土流失。

③安全性高：自制边坡稳固器配合土工格栅植生袋边坡防护技术，具有良好的固定性和防护能力，可防止自然因素导致的边坡失稳和侵蚀，施工质量稳定高效。

④维护简便：自制温湿度养护喷淋系统精准高效控制植生袋的温湿度，实现精准浇水施肥，高效节能。

（2）成果现状及价值

①成果现状

目前广泛使用的重力式、支撑式、锚固式等钢筋混凝土支挡结构形式或框格梁植生袋边坡支护形式，在高填方段边坡方面存在诸多不足，如占地面积大、造价高昂、工序复杂、资源消耗巨大（如石料、混凝土等）、施工质量不易控制、施工工期长、生态破坏严重、施工面裸露时间较长、适应地基变形性能差、绿化效果不佳且与环境不协调等。本创新项目依托云南碳中和示范产业园基础设施建设项目（场平、道路工程）社会投资人暨合作工程总承包一标段展开研究，于2022年9月在集团公司内部立项，并成立了研发小组。项目组设项目负责人1人，研发人员14人（内部研究人员9人，外部专家5人）。同年9月，在项目现场建立了试验段（试验基地），分别选取1#边坡（编号为1#BP-SY-1剖面）和8#

边坡（编号为 8#-BP-SY-1 剖面）作为试验对象。试验参数具体如下：1#边坡试验段长度为 100m，边坡支护高度 55m，边坡防护面积 5500m²；8#边坡试验段长度为 100m，边坡支护高度 50m，边坡防护面积 5000m²。2022 年 9 月至 11 月完成了试验理论数据模型建立，2022 年 11 月至 2023 年 2 月完成了研究成果的小试、中试验证工作。2023 年 10 月完成研发成果结题报告，并顺利通过了评审及验收。目前，该成果在公司的各个高填边坡支护项目中得到了推广应用，取得了良好的经济效益及社会效益。

②成果价值

2024 年 7 月，将该研发成果报告提交至国家一级科技查新机构进行查新。据 2024 年的《科技查新报告》（报告编号为 J20245001254959691）显示，所研究技术中的关键点——自主创新植生袋结构及优化植生土壤配合、草籽播种工艺、改进一体化生态护坡稳固技术及自制高边坡防护带集水喷淋自循环生态养护系统——融合了生物学、物理科学及土木工程技术的创新结合，在国内未见相关文献报道。因此，该技术具有国内领先、科学、先进、新颖的技术特点。

2023 年 12 月，整理形成研发成果报告 1 份，获得自主知识产权 2 项（均为实用新型专利）、科技成果鉴定 1 份、期刊论文发表 1 篇、科技查新报告 1 项、《绿色低碳生态循环植生袋护坡关键技术规程》企业技术规程 1 本。同时，在 2023 年—2024 年间，将此项研发成果分别应用于二标段 6#高边坡支护项目和 7#高填方边坡支护项目的实际应用中，节约了施工和后期维护成本，获得利润约 300 万元。此外，该技术的推广应用还维护了公司的品牌形象，在全国范围内同类型项目中均取得了较好的经济效益。

（3）成果原理及特点

①技术特点

优化改进植生袋结构尺寸及改良植生袋种植基材配合比，优化草籽播种施工工艺，有效解决了石质高填边坡植生袋绿化生长困难、草籽点播工艺工序复杂、施工效率低下、高边坡施工安全风险高、操作困难等问题。该技术提高了边坡绿化覆盖率及景观效果，且施工效率提升显著。

改进一体化生态护坡稳固技术，以塑料格栅作为拉筋，分层格栅之间纵向、横向均通过改进后的自制边坡稳固器搭接。该技术能更好地发挥格栅的力学加筋性能，以场平回填土石方作为填充料，填充料可就地取材，施工便捷。绿化与边坡支护结构同步成型，与传统支护结构相比，资源消耗更少，工序更为简便。

自制高边坡防护带集水喷淋自循环生态养护系统，能实现雨水的收集再利用，后期边坡绿化养护全自动数字化。该技术绿色低碳、节能高效，且系统制作安装简易方便，实现了边坡绿化全周期水资源的重复利用自动养护，节约了人工养护成本。

②研发思路

先确定研发目标——聚焦于一体化生态护坡稳固技术与绿色自循环养护系统的创新性结合，以保障高填方段石质边坡的稳固及短时间内恢复生态链。针对高填方石质边坡草籽立地生长困难、边坡绿化效果不佳、生态修复缓慢、填筑边坡稳固性差、土工格栅加筋力学性能否充分发挥、加固作用效果不佳且施工工艺复杂、工艺质量难以把控等问题,建立试验数据模型。通过试验数据的观测和模型数据的分析,攻克环境、技术、质量等难关。在已有施工经验的基础上进行技术创新、工艺改进和项目应用,最终总结形成了《绿色低碳生态循环植生护坡关键技术的研究及应用》成果报告。

③工艺原理

绿色低碳生态循环植生护坡(图7-64)关键技术的工艺原理主要包括以下几个方面:自主创新植生袋结构,优化植生基质土壤配合比及草籽播种工艺。将植生袋分为前仓和后仓两个不同功能基质仓。前仓放入改良植生基质,具体配比如下:种植原土:塑料泡沫颗粒:碎石:秸秆:胶黏土:钙镁磷肥及有机肥:保水剂:生物制剂:植物种子=55:10:10:5:15:4.4:0.1:0.1:0.4,即为:种植原土55份、塑料泡沫颗粒10份、碎石10份、秸秆5份、胶黏土15份、钙镁磷肥及有机肥4.4份、保水剂0.1份、生物制剂0.1份、植物种子0.4份。改良植生基质前仓置于防护坡面一侧,能有效解决传统植生袋边坡人工二次点播浪费草籽且成活率较低、绿化效果差、施工效率低、人工成本高、高边坡施工安全风险高等问题。后仓植生基质放入种植原土、沙土、胶黏土、有机肥、复合肥、保水剂、污泥等拌和成的适合植物根系生长的植生基质,起到疏松土壤、增加含氧量、为前仓植物根系提供生长空间的作用。后仓置于回填土料侧。

图7-64 绿色低碳生态循环植生护坡效果图

精准科学改良后的植生基质土壤配比既能满足植物种植期间草籽出芽所需的湿度、水分和土壤含氧量要求，又能提供草籽后期生长固土阶段所需的水肥环境。同时，自主创新植生袋结构的功能分区精准，还能实现种草与边坡回填堆码同步进行，优化施工工序、节约人工成本。精准高效播种草籽，能够快速实现边坡绿化覆盖率，且绿化防护效果可达到100%，短时间内建立生态链，恢复生态平衡。

改进一体化生态护坡稳固技术还自制有土工格栅稳固器（图7-65、图7-66）。土工格栅稳固器采用与格栅相同材质的聚丙烯制作，尺寸为 B80 mm×50 mm×2350 mm。稳固器在U形钉固定位置设计为"凹"字形，与U形钉配合，形成稳固土工格栅的连接整体。稳固器布置于格栅四周的搭接处，横向搭接位置每隔 5.5 m 设置一个，纵向搭接位置每 2 m 设置一个。张拉土工格栅，待土工格栅达到最佳抗拉强度后，将土石分层回填并植入土工格栅中，使之形成加筋稳固的复合结构土体。再将改良后的植生袋堆码回填并压实，堆码压实4层植生袋后，压实高度约1 m，然后将下层土工格栅反卷，包裹边坡堆码的植生袋，拉伸至上层填土 2 m 的位置处，与上层土工格栅进行搭接。在搭接处采用土工格栅稳固器进行固定，使之具有拉伸加筋、板体稳固的作用，快速实现一体化生态稳固护坡。土工格栅平面左右幅搭接方式如图 7-67 所示。

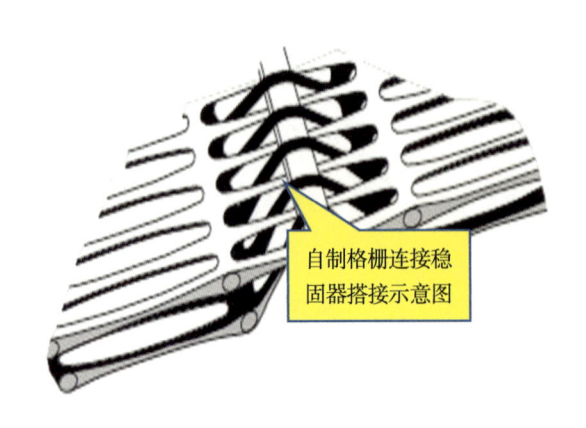

图 7-65　稳固器安装示意图　　　　　图 7-66　稳固器安装现场图

自制高边坡防护带集水喷淋自循环生态养护系统，通过综合运用体内外双重排水收集措施与温湿度数字化精准控制喷淋系统，成功解决了地下水及入渗水对护坡的负面影响，显著增强了边坡结构的安全可靠性。同时，该系统能够在雨季收集雨水并储存在集水井中，旱季时则通过喷淋系统对植生带进行自动且精准的喷淋养护。作为一项节水、绿色低碳、便捷、经济高效的边坡养护技术，其具体实施方式如下：

在生态护坡的边坡坡顶，设置尺寸为 500 mm×600 mm 的截水沟；在放坡平台，设置了尺寸为 400 mm×400 mm 的排水沟；而在坡脚，则设置了尺寸为 800 mm×800 mm 的排水沟。此外，边坡坡面纵向每隔 15 m 便设置了一个 1000 mm×1000 mm 的急流槽。这些纵横向的截排水沟及急流槽共同构成了"井字状"的坡面内外排水系统。在急流槽的沟底，安装直径为 $\phi 75$ 的 PVC 泄水孔，以将坡内的集水导排至墙外。急流槽的底端则设有一个 7 m×6 m×3 m 的

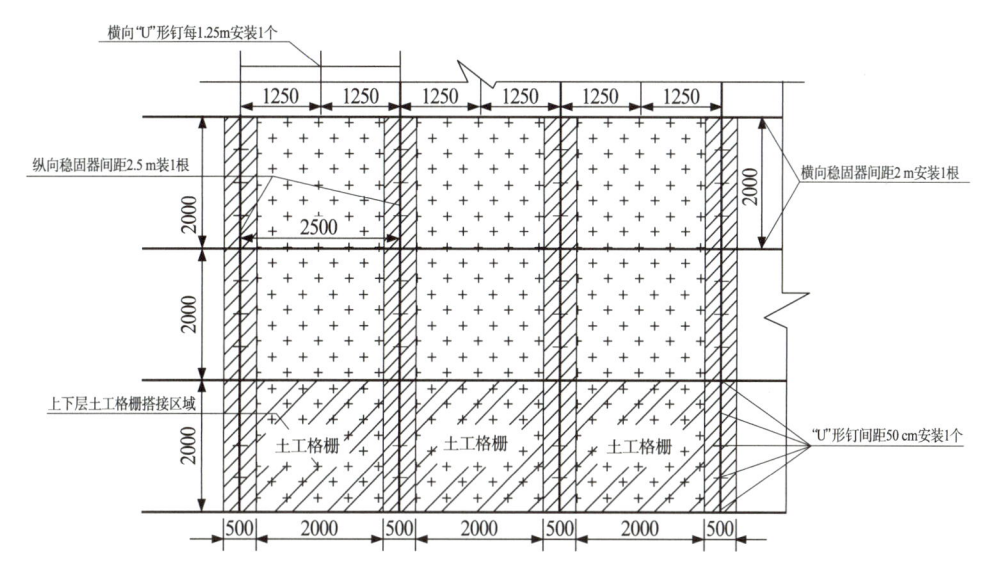

图 7-67 土工格栅平面左右幅搭接示意图

集水井，形成了一个地表水收集节水系统。集水井盖上装有双层过滤网，以对水流进行过滤，防止水流中的杂质过多导致水泵与竖向水管内部堵塞。

集水井中收集的雨水通过水泵被输送至坡面的纵向输水管道。在横向边坡上，每台边坡都设置了 DN10 的 PVC 横向输送管道，而这些输送管道每隔 3.65 m 便安装有一个竖向喷淋头。在纵向边坡上，则沿急流槽的两端安装了 DN25 的 PVC 竖向输水管道。这些横向与竖向的输水管道交叉形成了井字状的自动浇灌网，而竖向输水管道则通过水泵与坡脚的集水井相连。在横向输送管道的喷淋头下方，设置温湿度感应器，这些感应器会将土壤的温湿度数据传输至终端控制器内。通过设定好的时间程序，可以控制水泵的运作时间，从而实现喷灌系统装置对植生袋的自动喷淋浇灌。

在雨季，该系统通过导排节水收集系统收集地表雨水及坡背填方段的渗水；而在旱季，则通过自动灌溉系统对植生袋进行精准养护，从而防止浪费水资源，并减少人工养护的成本。具体的做法及工作原理如图 7-68 至图 7-70 所示。

（4）成果创新点

首先，自主创新的植生袋结构结合优化的植生土壤配合和草籽播种工艺，不仅形成了满足种植要求，能快速实现边坡绿化的土壤结构仓，还满足了边坡支护稳定性的要求，实现了边坡支护与绿化种植的一次成型。这种方法的绿化效果高达 100%，实现了低碳生态，省时省力，工艺简单且节约成本。

其次，还改进了一体化生态护坡稳固技术。支护边坡的防护结构采用了塑料格栅作为拉筋，以场平回填土石方作为填充料。填充料可就地取材，施工便捷，使得绿化与边坡支护结构能够同步成型。与传统的支护结构相比，这种方法极大地减少了钢材、砂石水泥、模板、木材、水等资源的消耗，且工序更为简化。

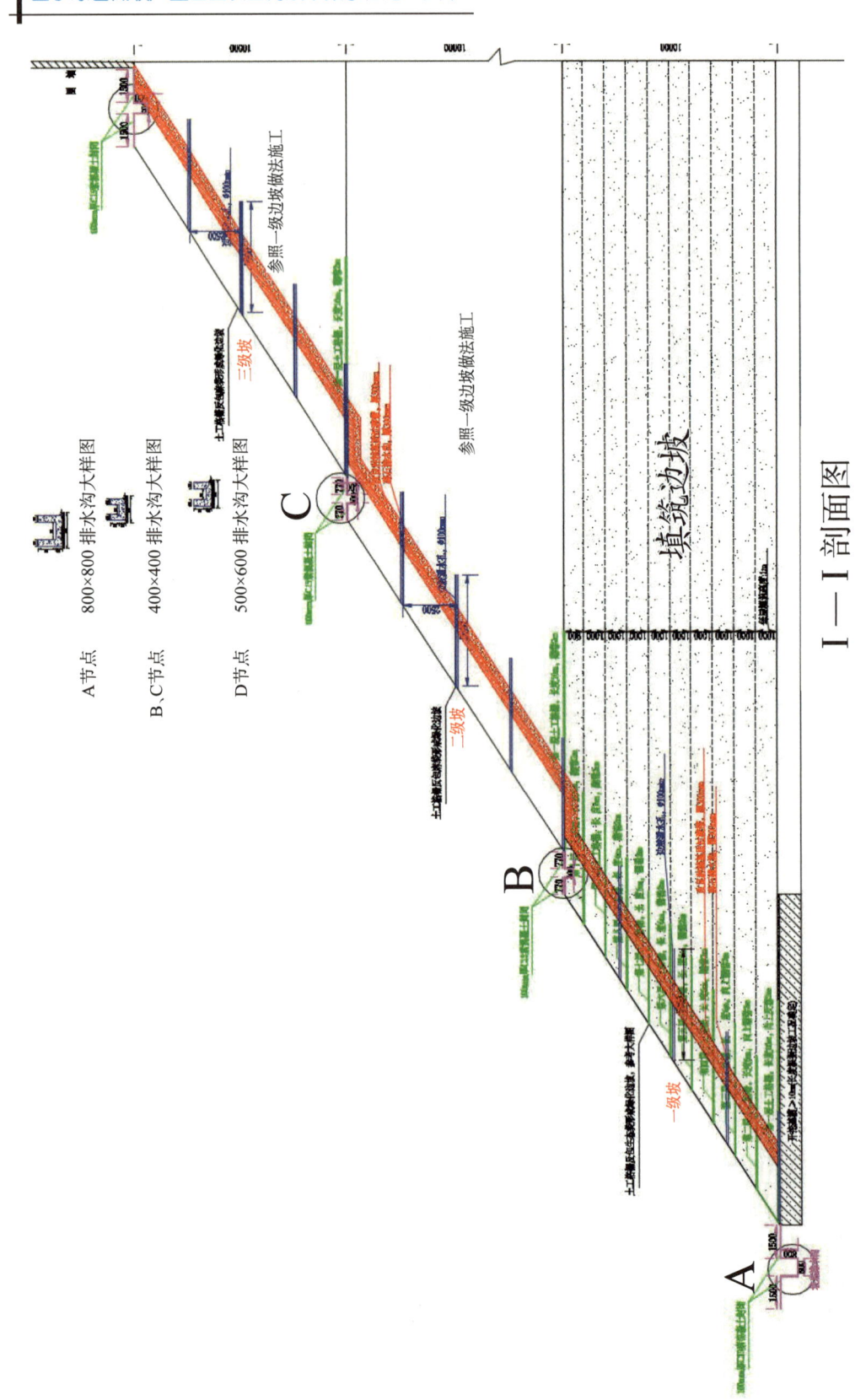

图 7-68　绿色低碳生态自循环植生袋边坡剖面图

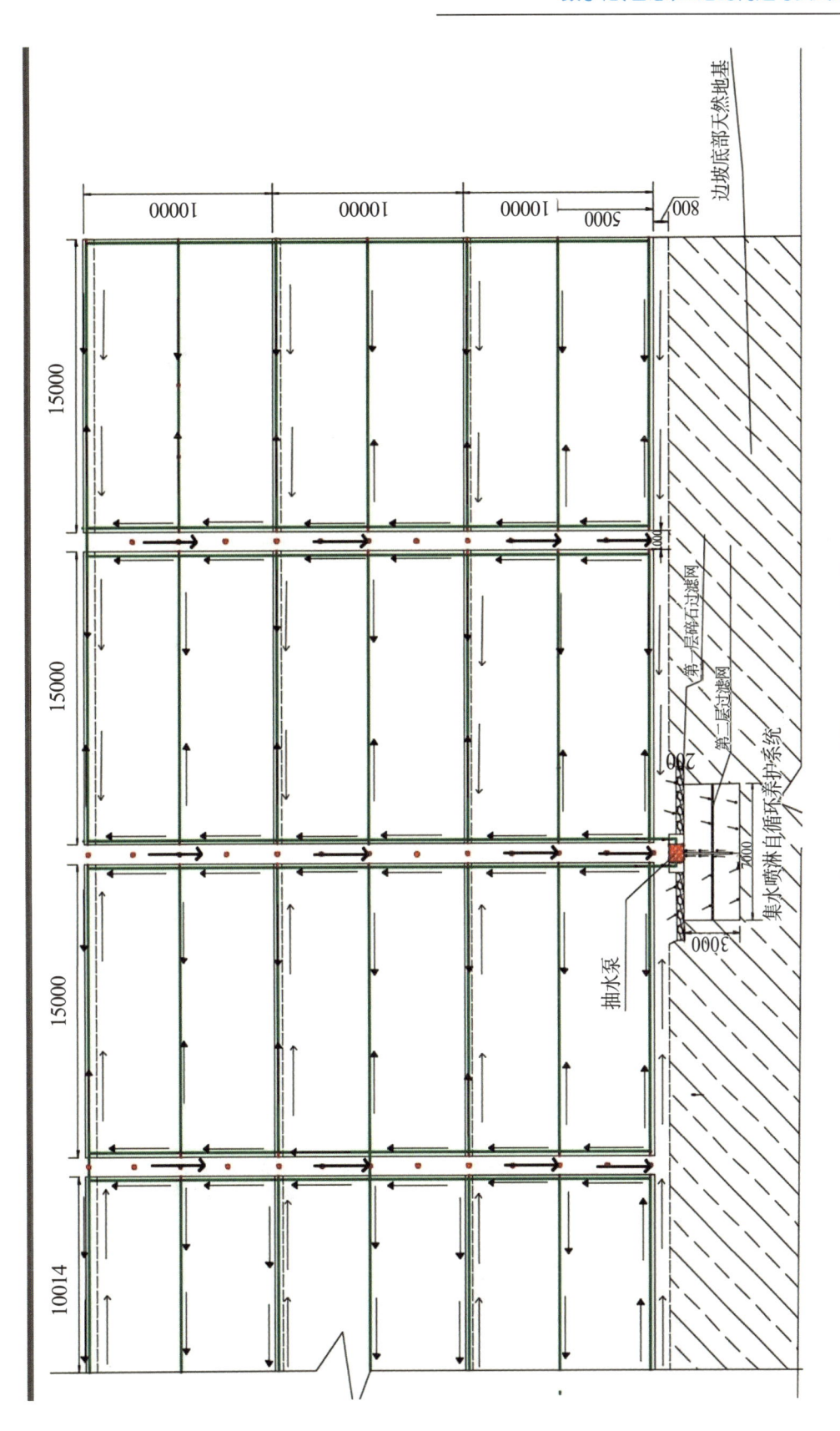

7 数字化(智慧)工地的构建与实践案例

图7-69 自动水循环养护系统水流示意图

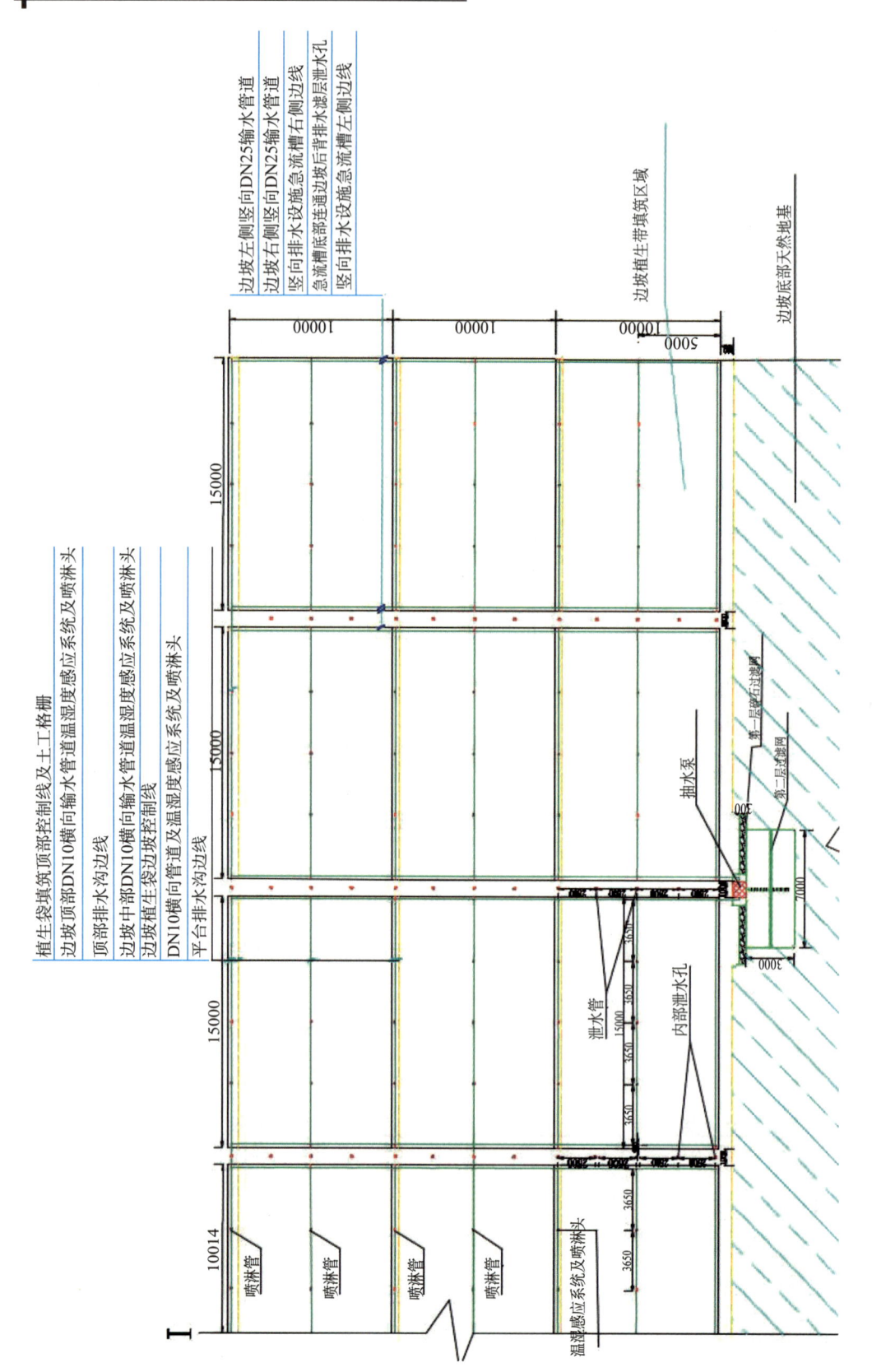

图7-70 土工格栅加筋土生态边坡正立面示意图

最后，自制的高边坡防护带集水喷淋自循环生态养护系统，实现了雨水的收集再利用，具有绿色低碳、节能高效的优点。同时，集水收集排水系统的制作与安装都相对简易，进一步节约了成本。

（5）关键技术路线及方案

①技术路线和工艺流程（图 7-71）

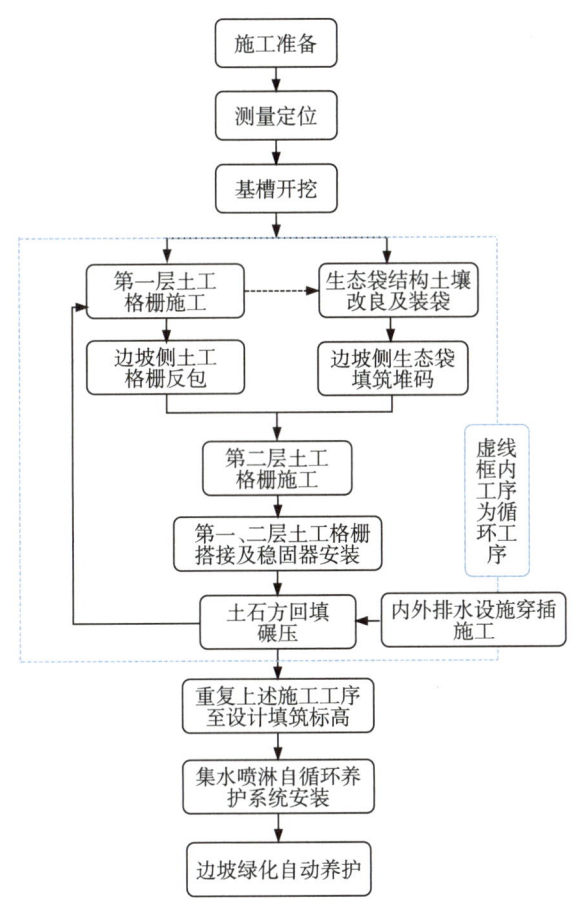

图 7-71 施工工艺流程图

②技术要点

A. 施工准备

a. 前期准备。施工前，技术人员需认真阅读研究施工图纸，准确领会设计意图，结合工程实际，选取工程所在地具有代表性的土样进行配比试验，确定各种掺合料的比例。

b. 技术准备。在研究施工图纸的基础上，编制施工方案和作业指导书，并完成对施工人员的安全、技术交底培训工作，使操作工人熟练掌握施工工艺和流程。

c. 现场准备。施工前需探明施工范围内的地下管线，并对其进行迁改和保护；同时，合理规划现场钢筋加工棚、机械停放区、运输线路、临时用电线路等。

B. 测量定位

a. 根据设计图纸数据，计算出土工格栅加筋土护坡上边坡线的转角坐标点，并利用全站仪或GPS定位仪在现场进行定位放样。

b. 沿放样灰线，间隔5 m对地形高程进行实地测量。

c. 计算出实际地形高程与上边坡线理论高程之间的高差，乘以边坡坡度，得出下坡线坡脚的外向延伸距离，将延伸点纵向连线作为起坡线位置。

d. 重复步骤c，反复对起坡线进行校正，直至地形平缓、外向延伸无明显高差为准。

e. 在最终校准的起坡线上整体外延1.5 m工作面，作为基础开挖线，并标定桩位，施以灰线标记，作为开挖的标志。

f. 当同一护坡面、不同高程点多处同时作业时，需对不同作业点之间的轴线位置进行核对校正。

C. 基槽开挖

a. 使用推土机配合反铲挖掘机等大型土石方机械对格栅护坡地基进行基槽的开挖。

b. 基槽开挖宽度需满足格栅铺设长度，将施工范围内的基底软弱土层挖除，开挖深度需≥1 m并进入设计要求的地基持力层，以满足第一层土工格栅铺设长度和承载力要求为准。

c. 基槽在纵向标高变化处需按1∶2高宽比做阶梯式过渡。

d. 基槽开挖后，需对基底面进行平整处理，要求基底平整度≤15 mm，基底坡度≤4%。

D. 生态袋结构土壤改良

本研发项目采用长丝土工布生态袋结构，并就地取材对回填土区的原生土壤进行改良。通过优化后的专用配比制备及拌和植生基质，改良植生袋内不同配比的结构层组合，形成不同功效的土壤种植层。草种与同植生基质同步拌和装袋，既节约成本又能达到保水、保肥的效果，同时还可以有效地孕育有益微生物，快速恢复生态链。

a. 生态袋种植结构仓改良

根据其绿化草种生根发芽及不同生长阶段对种植土壤的要求，将尺寸为810mm×430mm×250 mm（长度为810 mm，宽度为430 mm，高度为250 mm）的长丝土工布生态袋进行分仓改良。将其分为前仓和后仓，改良后的长丝土工布生态袋尺寸长度仍为810 mm。将宽度430 mm的植生仓改良为两个宽度为215 mm的小植生仓。这两个宽度为215 mm的小植生仓整体不分离，中间通过网孔尺寸为5 mm×5 mm的长丝土工布分隔。改良后的植生仓高度不变，前仓为植生种植仓，填筑于边坡侧；后仓为植物根系防护生长仓，填筑于填土石方侧，与边坡整体种植过渡带形成植物根系防护墙，配合土工格栅反包的物理拉伸填筑墙，快速建立植生带。

b. 生态袋种植结构仓内土壤改良

按照草种生长的不同阶段对植生土壤不同养分的需求，从边坡侧将植生袋堆码进行结构分区划分，并在不同结构划分区域内放入不同配比、不同作用的植生基材。按照植生袋的堆码顺序，将结构改良后的植生袋编号为A型植生袋，普通植生袋编号为B型植生袋。按照实验段堆码顺序数据模型进行堆码，具体填筑顺序为：从边坡侧向填土侧依次为A型植生袋、B型植生袋、植生过渡带、回填碾压土石边坡区域。同时，按照堆码顺序在植生袋内放入发挥不同作用的科学配备改良土壤植生基质，具体为：从边坡侧向填土侧依次为A型植生袋前仓（810 mm×215 mm×250 mm）土壤改良区域、A型植生袋后仓（810 mm×215 mm×250 mm）土壤改良区域、B型植生袋（810 mm×430 mm×250 mm）土壤改良区域、植生袋后侧（458 mm×1620 mm×1000 mm）土壤改良区域、300 mm厚植生过渡带改良区域、回填土石边坡区域。此外，A型植生袋前仓（810 mm×215 mm×250 mm）土壤改良区域简称A-1#土壤改良区域，A型植生袋后仓（810 mm×215 mm×250 mm）土壤改良区域简称A-2#土壤改良区域，B型植生袋土壤改良区域简称B-1#土壤改良区域，植生袋后侧土壤改良区域简称C-1#土壤改良区域，300 mm厚植生过渡带改良区域简称C-2#土壤改良区域。植生袋堆码示意图及植生基质改良区域划分示意图如图7-72所示。

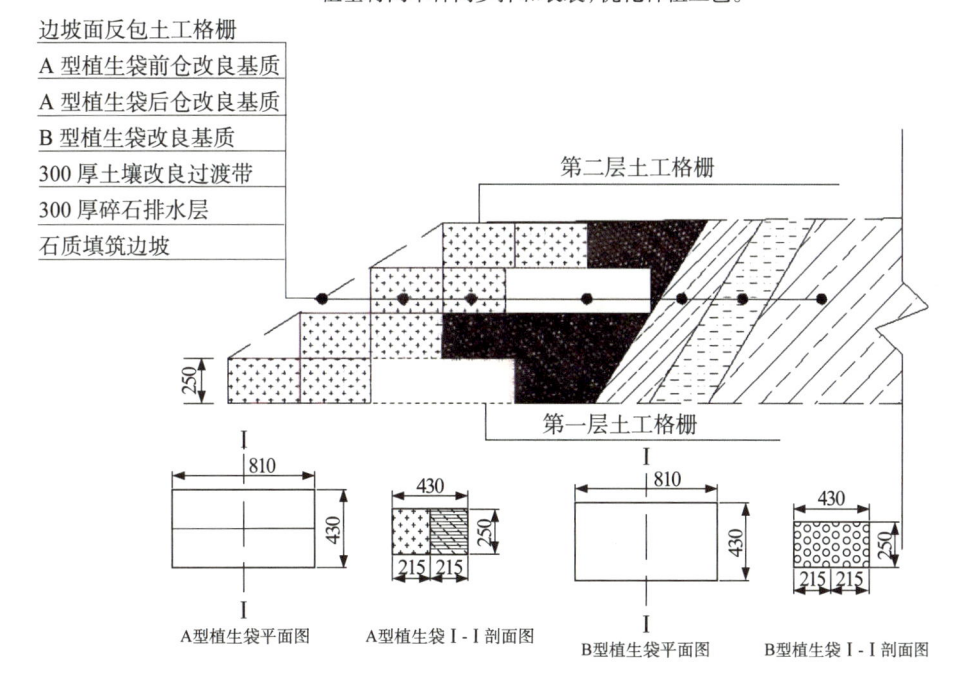

图7-72 植生袋堆码示意图及植生基质改良区域划分示意图

（a）A-1#土壤改良区域

A-1#土壤改良区域植生基质土壤配比为55%种植原土+10%泡沫颗粒+10%碎石+15%胶

黏土+5%秸秆+3%有机肥+1.4%复合肥+0.1%保水剂+0.1%生物制剂+0.4%草种。根据当地利用的原土土质分析，针对草种类植物的生长习性，有机肥总养分控制在5%，为强化土体光合作用，提高种植基质土壤有效肥效，同时添加2%的磷肥。

在植生基质土壤配比前，应对掺配原土土壤进行天然含水量、土壤颗粒粒径、孔隙比、透水性等物理性能技术指标进行测定，同时对其原土养分含量及pH值进行测定，并调整施工配合比偏差量。掺配后的改良土壤应掺拌均匀，并进行晾晒不少于7d，将土壤的肥料养分充分进行熟化均匀后装袋，并严格按照堆码顺序进行堆码。改良后的植生基质具有保水保肥功效，更利于草种发芽，快速建立生态链。

（b）A-2#土壤改良区域

A-2#土壤改良区域植生基质掺配比例为：55%种植原土+15%碎石+15%胶黏土+9%河流污泥+3.6%有机肥+0.8%土壤调理剂+1.4%复合肥+0.1%保水剂+0.1%生物制剂。根据土质情况分析报告，有机肥总养分控制在7%，同时添加2%的磷肥，可强化土体光合作用，提升土壤有效肥效。

A-2#土壤改良区域位于填土侧，其主要作用是为前仓的草籽根系提供生长空间，同时配合堆码重力形成边坡防护植生墙。A-2#土壤植生后仓同植生过渡带形成良好的种植基质，为植物的永久生存提供了环境，有效解决了石质填方边坡草种难于存活、立地困难、绿化景观效果不好的问题。同时，有效缓解了浇水或大雨量自然降水对土体的水土流失。

（c）B-1#土壤改良区域及C-1#、C-2#土壤改良区域

B-1#土壤改良区域及C-1#、C-2#土壤改良区域主要作用为配合A型改良植生袋基质，为植物根系提供生长条件。根据前期试验段数据模型配比提供的土壤配比分析，其掺配比为：55%种植土+20%胶黏土+15%碎石+10%有机肥，其余控制要求同上。

以上不同作用的土壤改良后，需进行分类编号备料装袋基质，并严格按照上述参配比例进行参配。在边坡施工前一个月，需掺配拌和熟化植生基质。

E. 土工格栅铺设

a. 土工格栅材料选择及制备

土工格栅选择塑料双向塑料土工格栅，土工格栅网格尺寸为200 mm×200 mm，土工格栅抗拉强度不小于30 kN，材料标准幅宽6.0 m。土工格栅进场后，应对其材料性能、物理机械性能、耐化学性能等各项指标进行检测，复检合格后方可使用。按照设计要求进行土工格栅下料制备，下料长度为下层设计植入锚固长度+坡面反包与上层搭接所需长度（不小于2.0 m），采用剪刀进行裁剪。裁剪下料完成后的土工格栅应防潮、避光堆放，且下料完成后24 h内应铺设完毕。

b. 第一层（坡底层）土工格栅铺设

（a）基底处理

基槽开挖到位后，需铺设第一层（坡底层）土工格栅。第一层土工格栅铺设前，应采

用重型压路机将基槽碾压平整，同时基底压实度达到设计要求值后方可进行铺设。

（b）土工格栅下料

为保证边坡的稳固，第一层土工格栅平面段铺设长度不应小于10m，其反卷垂直高度1m，与上层搭接宽度不小于2m。因此，第一层土工格栅下料长度计算如下：10m（底层平面段铺设长度）+1.69m（边坡反包段长度）+2m（反卷上层土工格栅搭接长度）=13.69m。

（c）格栅铺设

土工格栅铺设时，以现场定位起坡线为准，将格栅的反包搭接长度预留（反包搭接长度不小于2m），其余部分朝坡背侧伸展平铺。铺设土工格栅时应拉直平顺，紧贴下承层，不得有褶皱。下承层应平整，严禁有坚硬凸出物。底层平面侧左右两幅土工格栅之间搭接长度不小于50cm，四周搭接部位采用自制土工格栅边坡稳固器连接为整体。格栅铺设期间，禁止各种机械在没有填筑回填土的土工格栅上通行，以避免造成格栅起鼓、起皱、不平整问题和降低土工格栅的力学强度。

（d）生态袋装填码砌

生态袋装袋施工前，需按照前期试验段提供的经验数据，将改良生态袋种植土壤基质提前7至10天按配合比进行掺拌熟化。为提高掺拌效率并保证掺配均匀性，采用砂浆搅拌机进行搅拌掺配。不同生态袋种植土壤基质掺配完成后，按A型生态袋、B型生态袋进行编号分类人工装袋，并分类堆码。装袋作业需贯穿整个格栅边坡施工工序，植生袋边坡堆码端部做法如图7-73所示。

长丝土工布生态袋堆码时，需在两根坡度尺兼皮数杆之间带线，作为垒砌轴线和标高控制的依据。每一幅格栅反包高度内堆码土工格栅生态袋约四层，堆码顺序为底层第一层生态袋从边坡侧向填土侧为A型生态袋、B型生态袋，第二层A型生态袋，第三层堆码生态袋类型同第一层，第四层生态袋类型同第二层。堆码总高度控制为1000mm。施工垒砌时应按坡度、水平和竖直方向整齐码放，上下层麻袋交错布置。长丝土工布生态袋边坡侧通过土工格栅与回填土石区域形成整体。

长丝土工布生态袋垒砌到位后，采用木质拍板对袋装土的上平面与外侧面进行拍实、平整。一是利于格栅反包时紧贴袋装土侧面，从而使其受力性能更好，坡面侧更稳定；二是出于工艺美观的需要，保证线型、规则度和美观性，使坡面更显方正、整齐。

（e）格栅张拉

边坡侧长丝土工格栅垒砌完成后，需进行土工格栅张拉。格栅张拉工具包括电子拉力计、双钩紧线器、自制土工格栅拉平耙、角铁桩等。以张拉耙钩住格栅末端横肋，再连接拉力计与紧线器，紧线器后端与临时锚桩固定。通过操作紧线器和拉力计读数，实现对格栅张拉值的量化控制。当张拉值达到设计要求的抗拉强度要求时，格栅应张紧平顺，无褶皱，反包部位格栅贴合良好，满足质量要求。

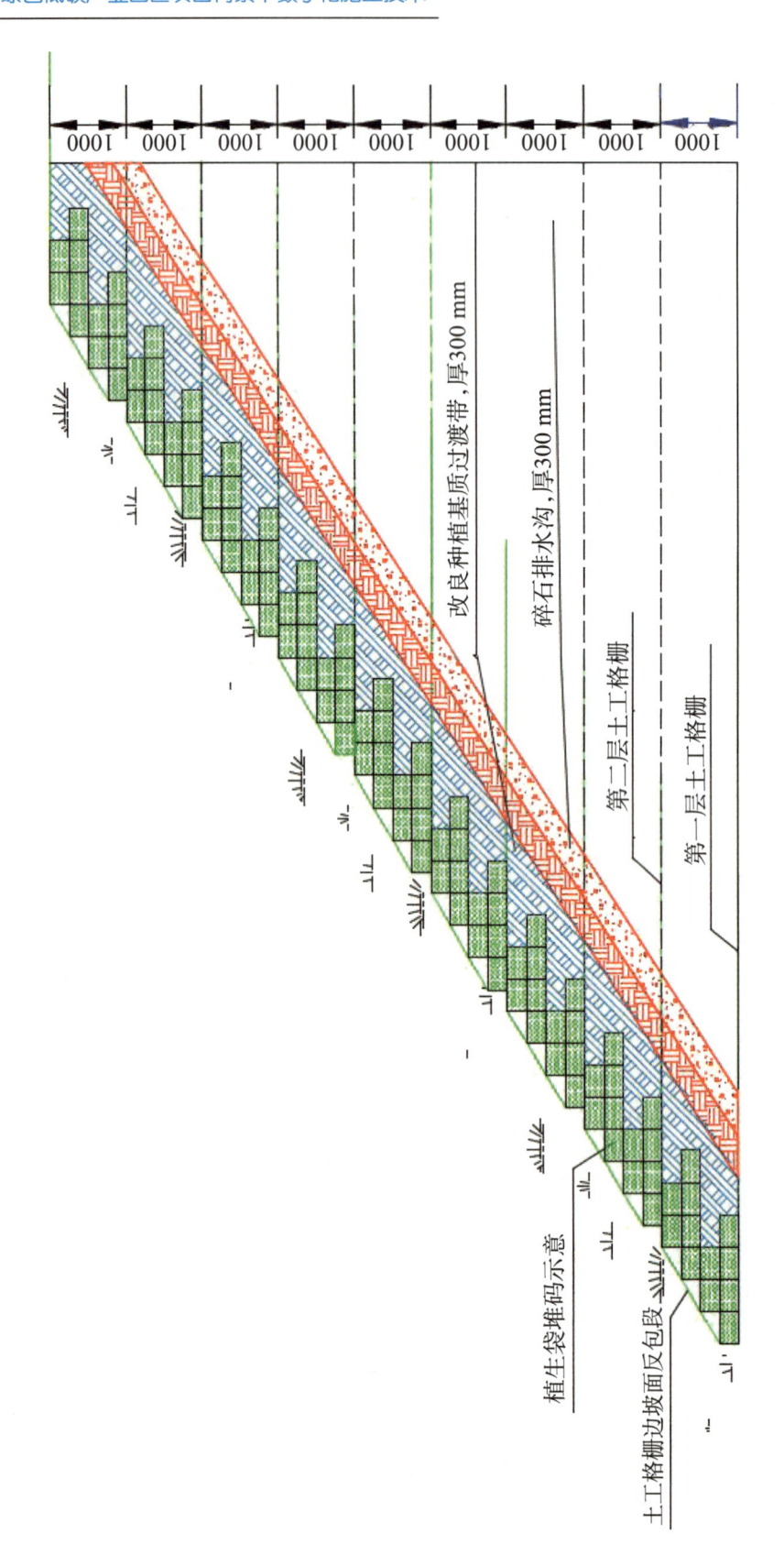

图7-73 植生袋边坡堆码端部做法示意图

（f）格栅反包搭接及稳固器安装

将格栅下层预留的反包搭接部分向上一层翻转，形成"C"形包裹，土工格栅反包至上层边坡并拉伸平整，使土工格栅紧贴生态袋。为保证边坡侧土工格栅的力学性能发挥至最佳，在上下层土工格栅搭接边缘部位，使用自制边坡稳固器连接。平面位置上，稳固器的安装间距为 5000 mm；平面位置左右侧两幅纵向土工格栅的搭接长度应不小于 50 cm，纵向搭接间距均为 2000 mm。在纵向搭接部位，采用自制边坡稳固器连接，稳固器必须交替穿过上下幅土工格栅的每根肋条。纵横向稳固器与土工格栅连接，形成整体结构。格栅锚固采用 $\phi 8$ 钢筋，钢筋加工成"U"形或顶端加工成"T"形，所有钢筋的长度均为 250 mm。

在纵横向稳固器的安装定位位置，采用"U"形钉对张拉后的格栅进行固定。按纵横间距 0.5 m 的尺寸，呈梅花状布置"U"形钉，将其钉在格栅稳固器与土工格栅的横向受力侧。如图 7-74 和图 7-75 所示。

要确保格栅各部位均处于拉紧且平整的状态，紧贴地面，在填土等外力作用下，确保"U"形钉不会松动脱落，格栅不会起褶皱。完成"U"形钉的锚固后，拆除张拉工具，并进行大面积的土石方分层回填和碾压。

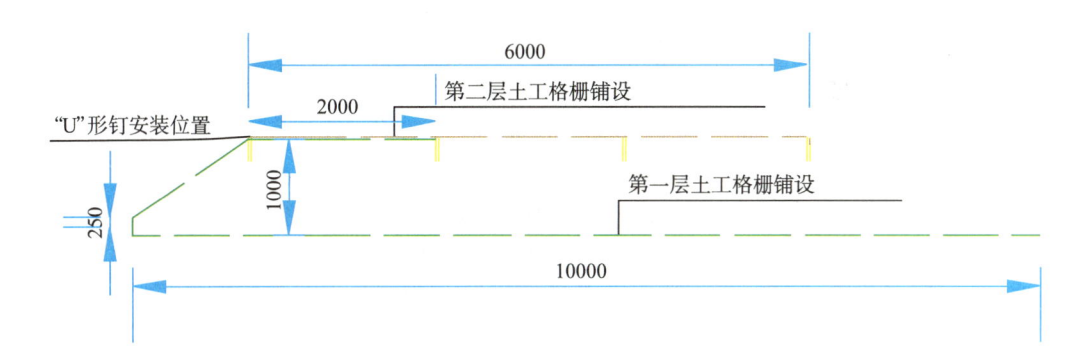

图 7-74 土工格栅上下层搭接大样图

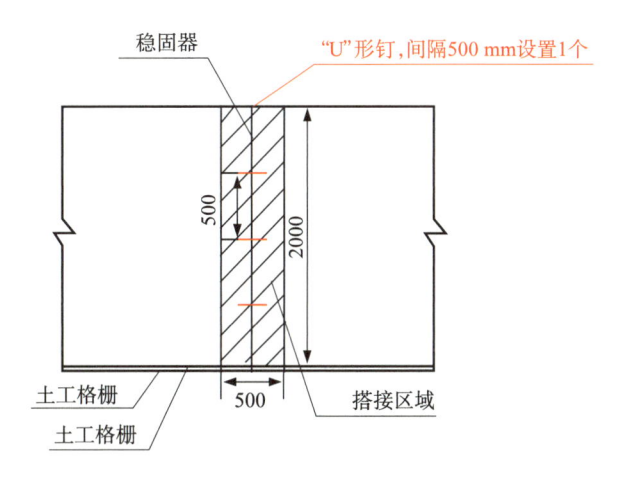

图 7-75 土工格栅平面左右幅搭接大样图

(g) 大面积土石方分层回填碾压

格栅张拉固定后，进行回填土施工。以轮式铲车运土、反铲挖机摊铺、压路机碾压配合流水作业。填料采用现场开挖出来的风化岩，石料最大粒径小于层厚的 2/3（33 cm），分层压实厚度 25 cm，压实度不小于 93%。与土工格栅接触层的回填土需采用土料填筑，土料填料不能超过 20 cm，且不应有石块及尖刺凸起物，以免引起格栅破损进而影响加筋功能。其余的中间填筑层采用现场开挖风化岩填筑，土颗粒大小搭配，级配均匀。分层回填施工，分层压实厚度不大于 250 mm，压实系数不低于 0.93。回填压实完成后的标高与该层次的坡面处麻袋垒砌高度齐平。压实后的填土面层应平整密实，无尖刺凸起物，表层平整度不大于 15 mm，面层坡度不大于 5°。平面摊铺回填土及碾压照片如图 7-76 所示。

图 7-76 平面摊铺回填土及碾压

回填土作业应从坡背处平铺的格栅外围逐步向坡面侧推进，严禁重型机械在未摊铺土的格栅上行走或进行碾压。在邻近坡面处 2 m 范围内，禁止重型压路机进行作业，一是为了防止机械跌落事故发生，二是为了避免重型机械在碾压时，将袋装土挤出或造成碾压变形。此时，可采用小型振动碾进行夯实。

c. 第二层土工格栅铺设

底层以上第二层土工格栅施工工艺与底层土工格栅施工工艺基本一致，在此不再赘述。唯一不同之处是底层土工格栅铺设基坑开挖后，对底层格栅的张拉需在长丝土工布生态垒砌到位后才能实施；而第二层土工格栅铺设及二层及以上格栅施工层，张拉前不需铺设麻袋，与下层反包格栅搭接后即可实施张拉。

F. 集水喷淋自养护系统安装

a. 自制高边坡防护带集水喷淋系统

自制高边坡防护带集水喷淋系统是在雨季利用边坡内外侧修筑的导排水系统，将地表径流及边坡内侧地下渗水统一收集并导排至集水井内；旱季通过温湿度数字化精准控制喷灌系统，将集水井内的水自动、精准地喷灌至植生绿化带进行养护。具体做法为：在生态护坡的边坡坡顶设置尺寸为500mm×600mm的截水沟，放坡平台设置尺寸为400mm×400mm的排水沟，坡脚设尺寸为800mm×800mm排水沟，边坡坡面纵向每间隔15m设置1000mm×1000mm的急流槽。纵横向截排水沟及急流槽形成井字状坡面内外排水系统，边坡内侧渗水在边坡底部设置300mm碎石排水层，坡底处排水层其底平面高于坡面外侧地面300mm，上平面排水层根据护坡高度由设计确定。平面排水层将回填土层替换为20~30级配碎石铺设压实，其对应坡面处袋装土替换为袋装碎石。同时，急流槽沟底设置直径为$\phi 75$的PVC泄水孔，将坡内集水导排至墙外，最终汇聚至横向截排水沟。急流槽底端设置6m×4m×3m的集水井，形成地表水及边坡内侧渗水收集节水系统。横竖向输水管道交叉形成井字状自动喷灌网，感应器将土壤温湿度数据传输至电脑终端控制器内，通过设定好的时间程序来控制集水井内水泵的运作时间，从而实现喷灌系统装置自动对植生袋进行喷淋浇灌。

b. 地表径流排水设施施工

地表径流排水设施施工采用混凝土截排水沟，其施工穿插于边坡生态袋堆码及回填土石方之间同步进行。随着格栅护坡回填土升高，坡背挖填交界面碎石排水层的施工同步开展回填。坡底排水设施为混凝土硬化地面和混凝土截水排水沟，在最低点设置集水井将积水引入集水井，避免出现坡脚积水现象。集水井与周边市政排水设施连通，如雨季水量过大，富余雨水可通过市政排水设施排走，其施工工艺按照常规工艺组织实施。

c. 集水喷淋自养护系统安装

根据地表径流年平均降雨量计算，每200m设置一个72m³的集水井，集水井内安装提水泵。旱季通过提水泵将集水井内收集的雨水输送至各个边坡的横纵向喷淋管道，通过温湿度感应器及电脑终端设施实现边坡绿化的自动浇水养护，纵横向输水喷淋管道在边坡成型后安装，管道的安装及集水井施工工艺按照常规施工工艺组织实施。

（6）研发经费投入及资源配置计划

①项目研发经费明细表

本技术创新项目的研发资金来源全部为企业自筹，项目研发经费投入共计147.55万元，主要用于人工费、材料费、设备费、试验及外协费等各项支出。项目研发经费支出预算及资源投入情况如表7-3所示。

表 7-3 项目研发经费支出预算及资源投入情况表

投资科目	总预算/万元	经费渠道	
		集团经费/万元	自筹经费/万元
一、来源预算合计	147.55	0	147.55
（一）集团科技经费	0.00	0	0.00
（二）自筹经费来源	147.55	0	147.55
二、支出预算明细	147.55	0	147.55
1.人员费	29.47	0	29.47
2.设备费	16.35	0	16.35
3.租赁费	8.95	0	8.95
4.材料费	25.22	0	25.22
5.燃料动力费	8.9	0	8.9
6.试验外协费	25.12	0	25.12
7.技术引进费	0.00	0	0.00
8.差旅费	0.58	0	0.58
9.会议费	2.68	0	2.68
10.出版/文献/信息传播/知识产权事务费	3.17	0	3.17
11.劳务费	25.18	0	25.18
12.专家咨询费	0.91	0	0.91
13.管理费	1.02	0	1.02

②资源配置计划表

a. 试验材料投入计划表

试验样本分别选取 1#边坡（边坡编号为 1#BP-SY-1 剖面）和 8#边坡（边坡编号为 8#-BP-SY-1 剖面）作为试验段。试验样本参数及主要的试验材料与用量如表 7-4 所示。

表 7-4　试验材料投入计划表

序号	材料名称	规格型号	数量	单位	使用部位
1	聚丙烯双向塑料土工格栅	网格尺寸 200 mm×200 mm，抗拉强度≥30kN，30 m×2.5 m×0.05 mm 厚	105935.0	m²	植生袋边坡反包
2	A 型长丝土工布生态袋	绿色长丝土工布袋 810 mm×430 mm×250 mm（两仓）	51853.2	个	边坡防护
3	B 型长丝土工布生态袋	绿色长丝土工布袋 810 mm×430 mm×250 mm（单仓）	25936.6	个	边坡防护
4	草种（火星花、狗牙根、碱茅草）	—	1555.60	kg	边坡防护
5	自制稳固定器	B80　50 mm×80 mm×2350 mm	9225	m	格栅搭接固定
6	"U"形钉	250 mm ϕ8 钢筋自制	6000	根	格栅搭接固定
7	"T"形钉	250 mm ϕ8 钢筋自制	3000	根	格栅搭接固定
8	碎石	粒径<0.07 mm	5000	m³	植生袋土壤改良
9	水泥	普通硅酸盐水泥	500	kg	截排水沟集水井施工
10	泡沫颗粒	聚苯乙烯泡沫颗粒，粒径≥0.05 mm	300	kg	植生袋基质土壤改良
11	胶黏土	天然含水量≥45%，孔隙比为 1.1～1.7，土颗粒细度≤0.05 mm	150	m³	植生袋基质土壤改良
12	保水剂	聚丙烯酰胺	1940	kg	植生袋基质土壤改良
13	仿生制剂（农药）	—	150	kg	植生袋基质土壤改良
14	复合肥	N+P205+K20≥15%，有机质≥30%	485	kg	植生袋基质土壤改良
15	有机肥	N+P205+K20≥5%，有机质≥45%	2910	kg	植生袋基质土壤改良
16	酒精	—	100	kg	土壤天然含水量测定

b. 主要试验设备投入计划

本次试验设备配置标准以1#边坡及8#边坡试验段为样本基数。具体的试验设备配置与规格型号如表7-5所示。

表7-5 主要试验设备与规格型号表

序号	设备名称	规格型号	数量	单位	用途
1	日本小松挖掘机	CAT336-0.6 m^3	2	台	挖填土方
2	挖掘机（带破碎头）	CAT313	2	台	挖填土方
3	运输车	自卸汽车	5	台	挖填土方
4	推土机	SD220	1	台	挖填土方
5	洒水车	东风	1	台	挖填土方
6	推土机	910型	1	台	挖填土方
7	振动压路机	36t	2	台	挖填土方
8	装载机	ZL50	2	台	挖填土方
9	强夯机	ZRYG800	1	台	挖填土方
10	强夯机	HZ5000	1	台	挖填土方
11	强夯机	HZ7000	1	台	挖填土方
12	磅秤	300 kg	2	台	配比土壤改良区域计量
13	电子台秤	5 kg	4	台	配比土壤改良区域计量
14	酒精	工业用	100	kg	土壤天然含水量测定
15	饭盒	300 g	10	个	土壤天然含水量测定
16	量筒	500 ml	5	个	土壤天然含水量测定
17	温湿度测定仪	—	5	个	土壤湿度测定

（7）主要材料性能、设备性能及技术参数

主要材料性能、设备性能及技术参数如表7-6、表7-7所示。以绿色低碳生态循环植生袋固坡防护施工为例。

表7-6 主要材料性能及技术参数表

序号	材料名称	规格型号	数量	单位	备注
1	聚丙烯双向塑料土工格栅	UX1400S 2.5×75	51250	m^2	塑料双向土工格栅，抗拉强度30 kN/m，长期蠕变断裂强度27.1 kN/m，格栅网孔长度＞20 cm，炭黑含量≥2%
2	自制稳固定器	B80 50 mm×80 mm×2350 mm	9225	m	格栅搭接固定
3	A型长丝土工布生态袋	810 mm×430 mm×250 mm（两仓）	55100	个	坡面植生及反包

续表 7-6

序号	材料名称	规格型号	数量	单位	备注
4	B型长丝土工布生态袋	810 mm×430 mm×250 mm（单仓）	100000	个	坡面植生及反包
5	碎石	20～30	1880	m³	排水层、坡脚硬化
6	水泥	42.5普硅水泥	21	t	坡脚硬化及排水沟砌筑
7	中砂	—	15	m³	坡脚硬化及排水沟砌筑
8	页岩砖	240 mm×115 mm×43 mm	21000	块	坡脚排水沟砌筑
9	"U"形钉	L=250 mm	6000	根	ϕ8钢筋自制
10	"T"形钉	L=250 mm	3000	根	ϕ8钢筋自制
11	草籽	火星花	1200	kg	用于坡面绿化
12	复合肥	50 kg每袋	1500	kg	植生基质拌和
13	有机肥	50 kg每袋	1500	kg	植生基质拌和

表 7-7　主要设备性能及技术参数表

序号	设备名称	设备型号	功率	备注
1	温湿度感应喷灌系统	配水主干管DN75配水支管	—	
2	柴油发电机	YC6A205-D30	120 kW	—
3	水泵	D46-50×10多级泵	132 kW	—
4	日本小松挖掘机	0.6 m³	—	
5	自卸汽车	10 t	10 t	
6	耙耕机	小型	4.5 kW	
7	土壤搅拌机	SJD-15L	15 kW	
8	推土机	910型	—	
9	土壤破碎机	—	—	
10	反铲挖机	320DL	—	回填土摊铺、平整
11	铲车	LW500FN	—	配合铲土、运土
12	压路机	XS202J	—	回填土碾压
13	立式打夯机	—	—	护坡边缘回填土打夯
14	全站仪或GPS定位仪	—	—	轴线测量校正
15	水准仪	DS3	—	高程测量
16	木工平刨机	—	—	
17	砂轮切割机	—	—	
18	手推斗车	—	—	
19	张拉器	—	—	

（8）质量控制措施

①质量控制标准

一般工序质量控制标准遵照《建筑地基基础工程施工质量验收标准》(GB 50202—2018)、《土工合成材料 塑料土工格栅》(GB/T 17689—2008)、《塑料土工格栅蠕变试验和评价方法》(QB/T 2854—2007)、《建筑边坡工程技术规范》(GB 50330—2013)、《公路工程质量检验评定标准 第一册 土建工程》(JTG F80/1—2017)及《公路路基施工技术规范》(JTG/T 3610—2019)等国家现行技术标准和规范，绿色低碳生态循环植生袋护坡的质量控制标准主要包括合理的装填方法、必要的夯实和码放要求等方面。只有严格按照这些标准进行操作，才能保证植生袋护坡的效果和质量，从而实现预期的环保和景观目标。主控项目质量控制标准照表7-8、表7-9所示的质量控制标准执行。

表7-8 土工格栅反包麻袋绿化施工工艺质量控制标准

项次	检查项目	规定值或允许偏差/mm	检查方法和频率
1	地基基础	应符合设计要求	现场观察或使用钎探检测
2	格栅型号及材质要求	应符合设计要求	查验合格证并取样检测
3	土工格栅植入长度	不得小于设计长度	用尺量：每20 m检测5处
4	格栅反包长度	不得小于设计长度	
5	顶层格栅反包折回长度	不得小于设计长度	
6	下层格栅与上层格栅的连接	下层格栅反包回折后与上层格栅用连接棒连接	用目测：每20 m检测5处
7	相邻格栅的连接	相邻格栅对接铺设，不得有空隙	
8	格栅的铺设	张紧平顺，无褶皱，紧贴地面	
9	袋装土组砌平整度偏差	≤20	用尺量：每20 m检测5处
10	坡顶平面位置	±50	用经纬仪：每20 m检测3处
11	成型后坡顶高程	±50	用水准仪：每20 m检测1处

注：平面位置和坡度"+"指向外，"−"指向内。

表7-9 生态袋土壤改良质量控制标准

序号	项目名称	标准值	允许偏差	检验方法
1	种植坑土壤粒径	≤0.05 mm	±1%	土壤粒径测定法
		≥1 cm	0	土壤粒径测定法
2	种植土壤含水率	>45%	±5%	酒精法
3	计量及称量	—	±0.1%	用各类计量设备检验
4	种植土pH值	6～7	±0.1%	试验测定

②质量控制措施

针对绿色低碳生态循环植生袋固坡防护技术施工工艺的重点、难点及创新点,结合国内无此项新型技术经验借鉴和相关规范条款可循的实际情况,采取以下质量控制措施。

A. 植生袋基质土壤改良质量控制措施

a. 植生袋基质土壤改良应严格按照专用配比进行配比控制,现场施工时测定现场土壤含水量,对施工配合比进行微调。

b. 植生袋基质土壤改良应严格按照本关键技术的工艺流程操作,回填时表层原土与客土(黏土)及相关肥料的拌制应均匀一致,机械拌制与人工拌制相结合。

c. 种子拌和应均匀、适量,避免出现种子过多或过少的情况。草种在和植生基质拌和前,应对种子进行预处理,如消毒、浸种等,以提升种子的发芽率和成活率。

d. A型植生袋装袋基质在拌和备料时,应设置明显标识,避免混装。

e. 严格控制回填土机械碎土遍数、频率及覆盖范围,对部分机械未碾碎的小土块需采用人工碎土,不应有碎土块、小孤石。

f. 应严格按照优化后的配合比拌制,拌制过程应进行计量及称量,采用专用计量设备计量,严禁人工计量。

g. 所有计量设备在使用前应先进行计量认证,保证计量误差在允许偏差范围内。

B. 植生袋垒砌堆码工艺质量控制措施

a. 正确填充植生袋:在填充植生袋时,应将植生基质装填至距离袋口约 8~15cm 处,并在装填过程中人工墩实。特别需要注意的是,底部的两个角应填土饱满,以满足设计要求,同时也能有效节约植生袋的用量。

b. 码放和夯实:植生袋堆码应严格按照试验段确定的试验参数堆码拍实,每层码放后的植生袋都需要进行人工夯实拍平,以确保其稳定性。同时,应控制植生袋的厚度范围在 25cm±2cm。

c. 合理留空隙:码放生态袋时,应留出 3~5cm 的空隙,以保证压实后的生态袋袋尾与袋头相接,但不产生搭接。这样既能确保生态袋的稳定,又能保证外观的平顺和圆滑。

d. 遵循设计图纸:在进行植生袋护坡时,应严格按照设计图纸及试验段确定的试验参数及工艺要求进行码放和施工,包括生态袋实施丁字形码放等细节要求。

C. 土工格栅铺设质量控制措施

a. 土工格栅要求满足抗拉强度双向不小于 30kN/m,屈服伸长率不大于 3%的技术指标。铺设土工格栅的下表面应平整,表面严禁有碎石、片石等坚硬凸出物。在距土工格栅 10cm 以内的路基填料,最大粒径一般不大于 5cm。

b. 土工格栅铺设时应人工拉紧,不允许出现褶皱。锚固端施工和接缝结合度都要符合要求,上下层土工格栅搭接缝应错开。

c. 土工格栅铺好后应立即用土料填盖,以免受紫外线照射而老化,并在上一层填料时宜采用轻型推土机或前置装载机,一切车辆、施工机械只容许沿轴线方向行驶。

d. 土工格栅铺设时全程旁站,拍照、摄像,留下影像资料。

e. 在边坡开始填筑后，每一层开挖铺设台阶，并确保台阶面的碾压压实度不小于93%。清理铺设面后，用自制"U"形钉和稳固器标记交界线，为轴线铺设土工格栅。

f. 土工格栅的搭接严格按照设计要求进行，搭接处用"U"形钉和稳固器锚固，以确保接缝的稳定性和强度。

g. 在土工格栅铺设完成后，应进行严格的验收与检测。检查格栅的铺设是否符合设计要求，包括铺设方向、间距、平整度等方面。同时，应对格栅进行抗拉强度、延伸率等性能指标的检测，确保其满足工程需求。对于不合格的铺设段落，应及时进行整改和处理。

D. 集水喷淋自循环生态养护系统安装质量控制措施

a. 集水喷淋自循环生态养护系统安装应严格按照设计图纸要求的间距进行，同时，应与边坡防护形成稳固的连接。

b. 建立精准配套集水喷淋系统，实现精准给水灌溉，同时，建立土壤温湿度感应系统。

c. 配套喷淋系统使用前应进行水压试验，确保灌溉顺畅。

E. 绿化后期养护管理质量控制措施

生态循环植生袋护坡施工完成后，需要进行后期养护管理，以确保植生袋护坡正常生长和发挥防护作用。

a. 定期对数字化温湿度感应系统进行监控和维护，确保系统正常运作。在植生袋护坡初期，需要保持土壤湿润，以利于种子的发芽和生长。因此，应定期浇水，确保土壤湿度适宜。

b. 定期对植生袋护坡进行监测，观察其生长情况和防护效果。如发现植被稀疏、土壤流失等问题，应及时进行修复和加固，确保植生袋护坡的稳定性和防护效果。

（9）安全措施

在护坡施工过程中，应始终坚持"安全第一、预防为主"的原则，不断提升施工人员的安全意识和操作技能，强化施工现场的安全管理，确保施工安全和质量。同时，加强与有关部门的沟通协调，及时了解和掌握相关法律法规和标准要求，确保植生袋护坡施工的安全措施符合规范要求。

①施工前准备安全措施

a. 施工人员应接受专业培训，熟悉植生袋护坡的施工工艺和安全操作规程。

b. 对施工现场进行勘察，了解地形地貌、地质条件及周边环境，制定合理的施工方案和安全措施。

c. 准备充足的施工材料和设备，确保施工质量和施工进度。

②施工现场安全措施

a. 设置明显的安全警示标志，提醒施工人员注意安全。

b. 在施工现场设置围挡和警示带，限制非施工人员进入施工区域。

c. 确保施工区域的通风良好，防止有害气体积聚。

③植生袋护坡施工过程中的安全措施

a. 在搬运植生袋时,应注意轻拿轻放,避免破损。

b. 植生袋铺设过程中,施工人员应穿戴好安全帽、安全带等防护用品,确保人身安全。

c. 在铺设植生袋时,应确保植生袋之间紧密连接,防止滑坡。

d. 在植生袋护坡顶部和边缘设置防护措施,防止施工人员跌落。

④施工后安全措施

a. 对施工区域进行清理,确保现场整洁。

b. 对已完成的植生袋护坡进行养护,定期检查其稳定性,确保边坡安全。

⑤应急处理措施

a. 制定应急预案,明确应急处置流程和责任人。

b. 配备必要的应急救援设备和药品,确保在紧急情况下能够迅速有效地进行救援。

c. 在施工过程中发现安全隐患或事故,应立即停止施工,采取措施消除隐患或进行救援,并及时上报有关部门。

(10)环保措施

①坡面处理:在铺设植生袋前,应对坡面进行平整处理,清除杂草、石块等杂物,确保坡面整洁。同时,应尽量避免对原有植被的破坏,尽可能保留和利用现有的植被资源。

②植生袋铺设:在铺设植生袋时,应按照设计要求进行,确保植生袋之间的紧密连接和整体稳定性。同时,应注意植生袋的填充和压实,避免袋内土壤流失和坡面冲刷。

③植被恢复:施工完成后,应及时进行植被恢复工作。选择适宜的植被种类和种植方式,确保植被覆盖率和生态效果。同时,加强植被养护管理,促进植被健康生长。

④施工结束后,应对施工现场进行彻底清理,清除垃圾、废弃物等污染物,保持现场整洁。

⑤在施工完成后的一定时期内,对施工现场及周边环境进行环保监测与评估,确保施工活动对环境的影响得到有效控制。

⑥建立健全各级各部门的环保责任制,责任落实到人,签订环保协议书;实行旬检、月检制度。

⑦防止水土流失,表层开挖后的场地或经翻松未压实的填料,雨季前要采用彩条布等予以遮盖。

⑧零星材料应入库存放,大型地材应定点堆放,并根据需要实时领用。各种材料不得乱丢乱弃,建筑垃圾应集中存放,现场严禁焚烧各类废弃物。垃圾应及时清运出场,确保施工现场"工完、料尽、场地清"。

⑨控制施工现场场界噪声不超过标准,夜间施工噪声应不高于55分贝,白天施工噪声应不高于70分贝。

⑩机械设备、车辆应具备专业机构出具的尾气排放达标标志。

⑪加强机械日常检查维修,杜绝漏油现象。

⑫做好防火措施,现场禁止吸烟及明火现象。

⑬施工现场场地须平整，临时道路应坚实畅通并经常洒水防止扬尘；设置专门的排水措施，雨后或排污时及时清污，疏通排水沟渠。

⑭施工全过程应遵守《建设工程施工现场环境与卫生标准》（JGJ 146—2013）的规定。施工现场不得乱搭乱盖临时设施，场地内布置应整洁；施工机械设备、原材料应堆放整齐；工地周围要保持道路畅通，排水良好，保持整洁的场容场貌。

（11）成果转化基本思路

本科技成果采用自主研发、自主投资、自行实施应用的方式，研发经费预算共计支出147.55万元。2022年8月至2023年12月，依托云南碳中和示范产业园基础设施建设项目（场平、道路工程）一标段1#、8#高边坡防护工程研发完成，并成功推广至二标段的6#高边坡支护项目、7#高边坡支护项目，均取得了良好的经济效益及环保效益。2024年，该技术陆续在公司承建的项目上推广应用，采用绿色低碳生态循环植生袋固坡技术，不仅施工成本低，而且得到了业主、监理等的一致好评。

（12）经济效益和社会效益

①社会效益

a. 技术效益

绿色低碳生态循环植生袋固坡防护关键技术是国内首创的一体化生态稳固护坡技术与高边坡绿色自循环养护系统技术的创新性融合。该技术能快速高效实现边坡生态修复及绿化生态的智慧养护，成功解决了石质高边坡生态修复缓慢、绿化效果不佳、高边坡固定性及防护性能不佳等问题，同时避免了人工二次点播草种效率低、人工成本高、安全风险高、施工质量不易控制等弊端，填补了绿色低碳生态循环固坡施工技术的空白。

b. 生态效益

绿色低碳生态循环植生袋固坡防护关键技术有助于减少施工过程中的环境污染，保护生态环境，实现资源的高效利用。同时，该技术还提高了边坡的安全性和耐久性，保障了人民群众的生命财产安全。因此，推广应用本研究成果对于促进社会和谐、提升人民生活质量具有重要意义。

c. 环保效益

改进后的绿色低碳生态循环植生袋固坡防护关键技术所采用的材料均为环保型材料，收集再利用雨水极大地减少了施工对生态环境的破坏，同时，该技术还能将城市污泥就地取材进行生态循环利用，极大地降低了城市污泥的处理消纳成本。

②经济效益

与下部设置重力式挡墙+上部护面墙浆砌片块石的传统支护方案相比，本技术具有更优异的经济效益。经济效益分析如表7-10所示。

本创新项目规范了作业程序，施工应用简单，操作性强，施工质量容易得到保证。经本技术施工完成1年后对边坡稳定性进行监测，结果显示边坡水平位移、竖向位移均满足规范要求，边坡稳固，边坡绿化效果达100%，草籽成活率达98%。

表 7-10 经济效益分析表

序号	分析项目	方案形式		指标对比结论
		重力式挡墙+上部护面墙	土工格栅生态护坡支挡方案	
1	施工工期	120 天	80 天	缩短工期 20 天
2	人工费	45 元/m²	15 元/m²	每平方米人工费施工成本节约 30 元
3	材料费	50 元/m²	12.86 元/m²	每平方米材料费施工成本节约 37.14 元
4	后期绿化养护成本	0.5 元/m²	0.3 元/m²	每平方米绿化养护成本节约 0.2 元
5	边坡绿化率	80%	100%	边坡绿化率提高 20%

绿色低碳生态植生袋固坡防护技术施工工艺较传统施工工艺大幅缩短了工期，施工效率提升了近 50 倍。改良后的生态袋结构层间土壤具有保水缓渗保肥功效，提高了绿化草籽种植的一次性成活率，降低了二次种植的人工成本，且绿化覆盖率可达 100%。

（13）影像资料（图 7-77～图 7-93）

图 7-77 施工前原地貌

图 7-78 高边坡基槽开挖

图 7-79 第一层土工格栅铺设

图 7-80 生态袋基质土壤改良拌和

图 7-81 植生袋基质土壤改良拌和

图 7-82 植生袋装

图 7-83 边坡侧土工格栅反卷施工

图 7-84 边坡侧植生袋堆码压实

图 7-85 第二层土工格栅铺设

图 7-86 大面积土石方回填碾压

图 7-87 坡顶横向排水设施

图 7-88 边坡侧纵向排水设施

图 7-89 坡底部集水收集设施

图 7-90 排水集水自循环养护系统施工完成后全景

图 7-91 施工完成后整体效果

图 7-92 绿色低碳生态循环植生袋固坡防护完成后景观效果 1

图 7-93 绿色低碳生态循环植生袋固坡防护完成后景观效果 2

7.4.9 绿色低碳数字化施工技术

(1) 项目概况

随着全球气候变化和人们环境保护意识的增强，绿色低碳发展已成为全球各行各业的重要趋势。建筑施工行业作为能源消耗和碳排放源的重要领域，面临着转型升级的迫切需求。数字化技术作为近年来快速发展的领域，在建筑施工行业中的应用不仅改变了传统的施工方式，还为实现行业的绿色低碳目标提供了新的可能性。探索数字化技术如何在节能减排、提高施工效率等方面发挥作用，为行业的可持续发展提供新的思路和方向。

(2) 成果现状及价值

在建筑施工行业中，数字化碳排管理是实现绿色低碳目标的关键手段之一。通过运用先进的数字技术，可以更高效地监控、分析和控制建筑项目的碳排放，从而实现碳减排。

数字化技术在建筑施工行业的应用展现出了显著的优势，从提高施工效率和经济效益到减少环境影响和提升工地安全等方面都发挥了重要作用。尽管面临成本、技术培训、行业文化和技术标准等方面的挑战，但其长远的利益和不断演进的技术前景表明，数字化施工是未来建筑行业发展的必然趋势。随着技术的不断进步和行业对可持续发展的需求增加，数字化施工将成为行业标准，为建筑施工行业带来更高效、环保和安全的工作环境，为全社会创造更大的价值。

(3) 成果原理

①本创新成果将数字孪生技术应用于扬尘检测报警系统，对各区域点的扬尘浓度进行更全面准确的检测。结合数字孪生技术与 5G 互联网技术，对各区域点的扬尘浓度进行更准确的检测。当扬尘浓度高于设定值时，传感器自动控制装置可实现洒水系统的开关、流速、流量的控制，更智能化地实现扬尘检测与降尘，可以大幅减少降尘过程中的浪费水现象，达到节能环保的目的，并节省成本。

数字孪生降尘技术主要研究扬尘检测及自动降尘的远程自控技术（图 7-94）。通过在扬尘路径预埋降尘喷洒管件、喷头，这些管件与喷头自带传感器装置（图 7-95）。在中控平台安装 PC 端，使计算机系统后台实现数据的自动采集、自动预警和自动控制开关循环水，调节循环水流的速度，采取局部通高温水升温、冷水降温或停止通循环水等措施，控制喷洒管件与喷头的流量和流速，有效防止扬尘过高以及过度喷洒带来的资源浪费，达到节能的目的。

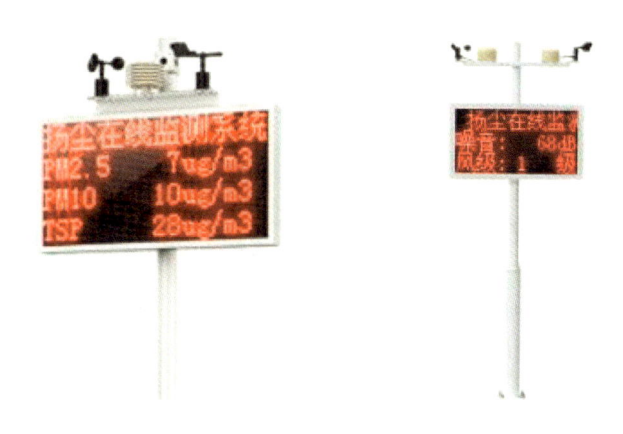

图 7-94 扬尘自动监测报警系统

图 7-95 喷头自带传感器装置

②本创新成果将数字孪生技术应用于重型夯击锤夯技术,以更全面、准确地检测各台重型夯击锤的夯击次数和夯击密实度。采用数字孪生技术与 5G 互联网技术,在各台重型夯击锤上安装传感器装置。当夯击能以及夯击次数达到设计要求时,传感器将信息反馈至终端 PC 设备,可实现夯击密实度的检测及夯击次数的确认。此技术可以大幅减少人工检测夯击密实度和夯击次数的人力浪费现象,节省成本。

(4) 工艺原理

数字孪生物联网技术(图 7-96)应用于重型夯击锤夯技术,通过在重型夯击锤锤头安装移动传感器装置(图 7-97 至图 7-99),将每次落锤的夯击能以及夯击次数通过互联网反馈至中控平台安装的 PC 端。通过计算机系统后台系统自动计算,实现夯击密实度的反算,达到边夯实边检测夯击密实度的目的。同时,每次夯击次数自动反馈至 PC 端进行次数确认,能避免偷工现象的发生。也能避免过度自动确认夯击密实度的要求,从而实现节省人力的目的,且极大提升了施工质量。

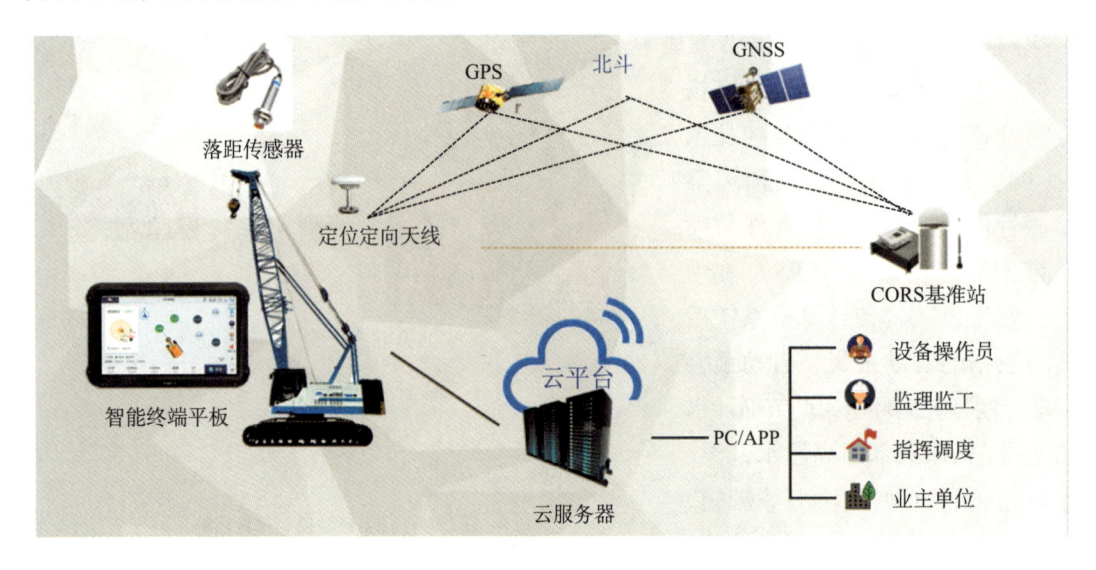

图 7-96 数字孪生物联网技术

7 数字化(智慧)工地的构建与实践案例

GNSS定位天线、落距传感器　　智能终端平板

机械整体外观　　GNSS定向天线

图 7-97　移动传感器装置 1

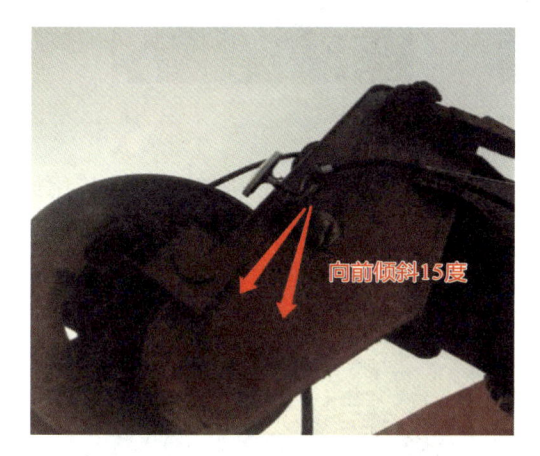

向前倾斜15度

图 7-98　移动传感器装置 2

图 7-99　移动传感器装置 3

移动传感器装置保证定位天线垂直,平行于立杆,装于夯锤顶部位置。当定位天线不在夯锤中心点时,终端平板输入差值校正坐标。定向天线装于车辆尾部,与定位天线保持在一条水平线上。

落距传感器(图7-100)距强磁传感器需小于1cm间距。强磁传感器固定于绞盘,固定间隔安装一圈,计算经过一个传感器时钢丝绳移动的距离,确保每个传感器误差小于1cm。强磁传感器的正反面需正确对应才可正常读取数值。

图7-100 落距传感器

取电一:选择机械保险盒处取电(图7-101)。与现场进行沟通,选择处于未使用或很少使用的保险(如点烟器)取电,该保险需受电瓶总闸控制。将万用表量正极插入保险内,负极在车身螺丝上进行搭铁,电压处于24V以上即可。进行接电时,需关闭车辆电源总闸。

图7-101 机械保险盒取电

取电二:在无保险盒或保险盒引线不允许取电的情况下,需要从电瓶接线。先用万用表测试电瓶电压,必须选择24V以上(通常在机械上2块电瓶是串联状态)。若机械上的电瓶是 2 块电瓶串联 24 V 的情况，禁止采用只接 1 个电瓶用 12 V 电压供电的方式，这种情况可能造成系统、车辆短路，甚至发生火灾。若车辆本身只有 1 个 12 V 电瓶，则可以接 12 V 取电。正极首要选择总闸（图 7-102）控制机械总闸接线柱，前端必须加装保险，负极车身螺丝连接搭铁。

取电三：点烟器取电（图 7-103），电源线连接时注意点烟器的正负极。

图 7-102　总闸取电

图 7-103　点烟器取电

夯锤坐标校正前应保证差分固定状态，采集定位天线坐标，录入夯锤中心点坐标，录入校正坐标或根据测量坐标计算校正坐标。车辆长宽影响强夯机模型显示，尽量使长宽一致（图 7-104）。

图 7-104　夯击点定位平台

计算经过一个传感器时钢丝绳移动的距离，录入传感器设置中，确保每个传感器误差小于 1 cm。测量夯锤高度并录入，默认值为 0。夯击点位监控如图 7-105 至图 7-107 所示。

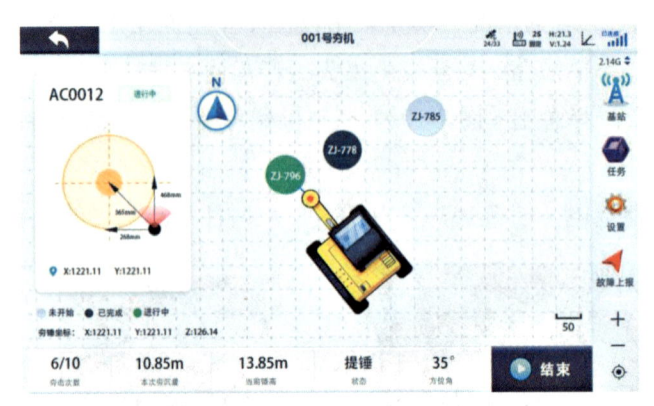

图 7-105 夯击点定位实时显示 1

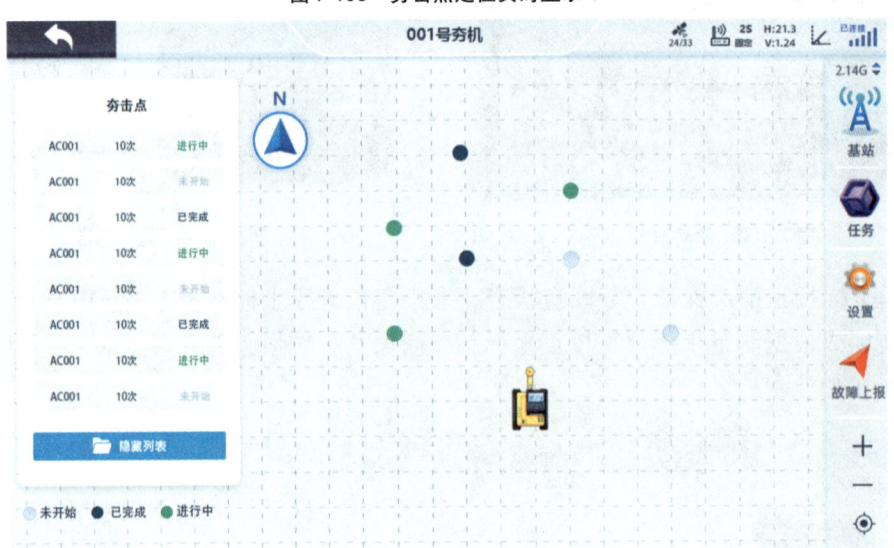

图 7-106 夯击点定位实时显示 2

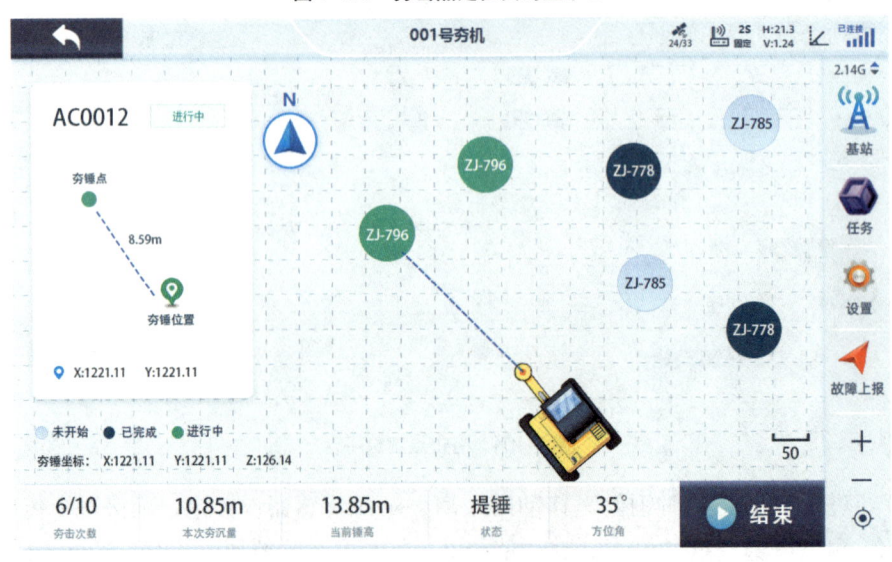

图 7-107 夯击点定位误差分析

①当夯锤距夯点小于误差范围（任务设定）时，车辆由黑色变成绿色，即表示可以夯击。

②夯击次数判断：夯锤牵引绳下降－牵引绳上升距离=夯沉量，再次上升时进行计算。

③点击结束即停止计算，提锤、落锤数据导入智能平板，数据后台 Excel 导入夯点数据（图 7-108）。

	A	B	C	D	E	F	G	H	I	J	K
1	任务类型	任务名称	夯击类型（1点夯	精准引导(cm)	误差范围(cm)	夯点名称	X坐标	Y坐标	Z高程	夯击次数	夯点半径（m）
2	智能夯锤	夯击任务1	1	100	10	A40-1	356245.231	5624556.231	156.231	10	2.2
3	智能夯锤	夯击任务1	1	100	10	A40-2	356245.231	5624556.231	156.231	10	2.2
4	智能夯锤	夯击任务1	1	100	10	A40-3	356245.231	5624556.231	156.231	10	2.2
5	智能夯锤	夯击任务1	1	100	10	A40-4	356245.231	5624556.231	156.231	10	2.2
6	智能夯锤	夯击任务1	1	100	10	A40-5	356245.231	5624556.231	156.231	10	2.2
7	智能夯锤	夯击任务1	1	100	10	A40-6	356245.231	5624556.231	156.231	10	2.2
8	智能夯锤	夯击任务1	1	100	10	A40-7	356245.231	5624556.231	156.231	10	2.2
9	智能夯锤	夯击任务1	1	100	10	A40-8	356245.231	5624556.231	156.231	10	2.2
10	智能夯锤	夯击任务1	1	100	10	A40-9	356245.231	5624556.231	156.231	10	2.2
11	智能夯锤	夯击任务1	1	100	10	A40-10	356245.231	5624556.231	156.231	10	2.2
12	智能夯锤	夯击任务1	1	100	10	A40-11	356245.231	5624556.231	156.231	10	2.2
13	智能夯锤	夯击任务1	1	100	10	A40-12	356245.231	5624556.231	156.231	10	2.2
14	智能夯锤	夯击任务1	1	100	10	A40-13	356245.231	5624556.231	156.231	10	2.2
15	智能夯锤	夯击任务1	1	100	10	A40-14	356245.231	5624556.231	156.231	10	2.2
16	智能夯锤	夯击任务1	1	100	10	A40-15	356245.231	5624556.231	156.231	10	2.2
17	智能夯锤	夯击任务1	1	100	10	A40-16	356245.231	5624556.231	156.231	10	2.2
18	智能夯锤	夯击任务1	1	100	10	A40-17	356245.231	5624556.231	156.231	10	2.2
19	智能夯锤	夯击任务1	1	100	10	A40-18	356245.231	5624556.231	156.231	10	2.2
20	智能夯锤	夯击任务1	1	100	10	A40-19	356245.231	5624556.231	156.231	10	2.2
21	智能夯锤	夯击任务1	1	100	10	A40-20	356245.231	5624556.231	156.231	10	2.2
22	智能夯锤	夯击任务1	1	100	10	A40-21	356245.231	5624556.231	156.231	10	2.2
23	智能夯锤	夯击任务1	1	100	10	A40-22	356245.231	5624556.231	156.231	10	2.2
24	智能夯锤	夯击任务1	1	100	10	A40-23	356245.231	5624556.231	156.231	10	2.2
25	智能夯锤	夯击任务1	1	100	10	A40-24	356245.231	5624556.231	156.231	10	2.2
26	智能夯锤	夯击任务1	1	100	10	A40-25	356245.231	5624556.231	156.231	10	2.2
27	智能夯锤	夯击任务1	1	100	10	A40-26	356245.231	5624556.231	156.231	10	2.2
28	智能夯锤	夯击任务1	1	100	10	A40-27	356245.231	5624556.231	156.231	10	2.2
29	智能夯锤	夯击任务1	1	100	10	A40-28	356245.231	5624556.231	156.231	10	2.2
30	智能夯锤	夯击任务1	1	100	10	A40-29	356245.231	5624556.231	156.231	10	2.2
31	智能夯锤	夯击任务1	1	100	10	A40-30	356245.231	5624556.231	156.231	10	2.2
32	智能夯锤	夯击任务1	1	100	10	A40-31	356245.231	5624556.231	156.231	10	2.2
33	智能夯锤	夯击任务1	1	100	10	A40-32	356245.231	5624556.231	156.231	10	2.2
34	智能夯锤	夯击任务1	1	100	10	A40-33	356245.231	5624556.231	156.231	10	2.2
35	智能夯锤	夯击任务1	1	100	10	A40-34	356245.231	5624556.231	156.231	10	2.2
36	智能夯锤	夯击任务1	1	100	10	A40-35	356245.231	5624556.231	156.231	10	2.2
37	智能夯锤	夯击任务1	1	100	10	A40-36	356245.231	5624556.231	156.231	10	2.2
38	智能夯锤	夯击任务1	1	100	10	A40-37	356245.231	5624556.231	156.231	10	2.2
39	智能夯锤	夯击任务1	1	100	10	A40-38	356245.231	5624556.231	156.231	10	2.2

图 7-108　Excel 数据后台

⑤查看施工进度：已作业完成和未作业夯点用不同颜色展示，可以通过夯点颜色观察施工进度。

⑥单点历史数据查看：用鼠标点击某个已经完成的夯点，将弹出该夯点作业的时间、作业参数等数据（图 7-109）。

⑦历史数据报表（图 7-110）：能以报表的形式查看多个夯点的历史数据，也能将历史数据下载，保存为 Excel 格式。

⑧作业情况实时掌控：车辆位置、状态、工作位置、夯锤高度、夯击点位实时同步。

本创新成果采用面向三维 GIS 的无人机 RTK 测绘技术（图 7-111），更高效地实现了地形采集。当无人机在野外作业时，由于环境因素可能导致无人机信号弱，无法正确完成数据采集。通过采用面向三维 GIS 的无人机 RTK 测绘技术，并利用 RTK 多点解的计算方式，除了能对无线互联信号的多点解以外，还能对无人机实现局域网的多点解算，可以提高无人机在野外作业的数据采集精度，并且实现数据采集及数据复核的双重目的。此技术极大提高了野外数据采集的效率和准确度。

图 7-109　夯击作业监控数据

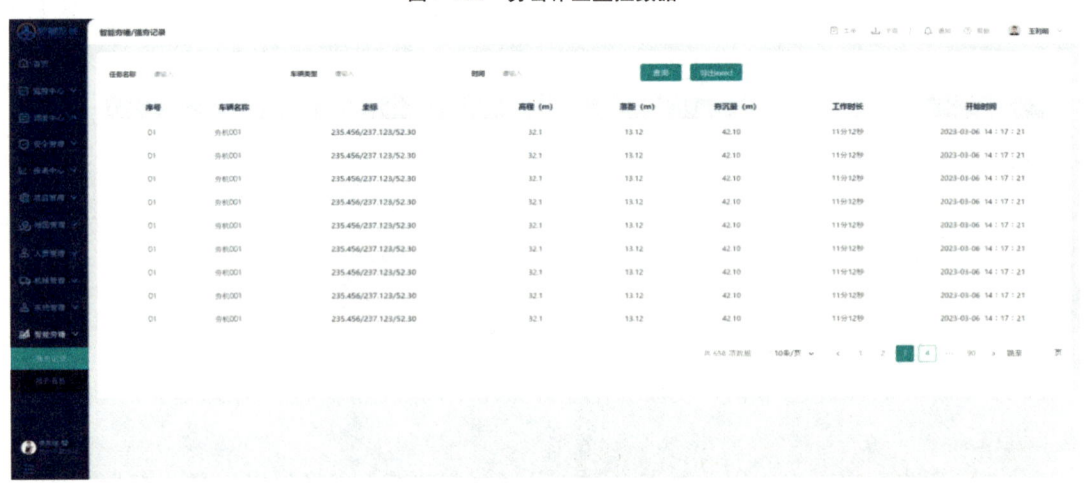

图 7-110　历史数据报表

面向三维 GIS 的无人机 RTK 测绘技术，在无人机野外作业且信号较弱的环境下，能通过 RTK 实现静态信号塔的作用。通过 RTK 局域静态多点解算，解决了无人机因移动互联网混乱导致的数据采集混乱的问题。

图 7-111　基于 GIS 的无人机 RTK 测绘技术

（5）质量保证措施

选择符合设计要求的材料，并对夯土材料进行严格的质量检验，确保其密度、颗粒大小和含水量等指标均符合要求。

制定合理的分层超厚强夯施工方案，包括夯土层厚度、夯击能量、夯实次序等，以确保施工过程中夯土的均匀性和稳定性。

对强夯机等施工设备进行调试和检测，确保其工作稳定可靠，同时，设置监测点位，实时监测夯土的密实度和变形情况。

在施工过程中进行质量控制，包括夯土层厚度的控制、夯击能量的调整等，同时，定期进行施工质量验收，确保夯土施工质量符合设计要求。

夯击精度控制：使用自动化和高精度的夯击设备，确保每次夯击能量和位置精准控制，防止偏离设计的夯点。

实时监测与调整：在施工过程中，利用地表位移监测仪器和夯击深度监测设备实时监测夯实效果，并根据监测数据及时调整施工方案。

（6）物联网与绿色施工创新

环境监测涉及空气质量、噪声、温度等多个因素，而传统的环境监测主要依靠人工进行，不仅效率低，而且易出错。随着物联网技术的发展，其在环境监测领域的应用日益广泛。物联网通过将各个设备和系统连接在一起，实现信息的实时传输和共享。在环境监测方面，物联网技术可以实现对环境因素的实时监控，从而提高环境监测的效率和准确性。例如，通过使用传感器技术，可以实现对空气质量的实时监测，从而确保工程现场的空气质量达标。此外，物联网技术还能够通过分析环境数据，找出环境问题的根源。同时，精确定位夯坑位置可以避免误差，减少重新施工和调整的成本，提高施工效率，降低施工总体成本。

技术创新将主要集中在施工材料、施工工艺和施工设备等方面。其中，施工材料将朝着环保、高效、可循环利用的方向发展，减少对环境的影响和降低材料消耗；施工工艺将更加注重节能减排，减少施工过程中的能源消耗和污染物排放，提高施工效率；施工设备将利用先进的技术，提升设备性能，降低设备对环境的影响。

未来管理模式的变革将主要体现在以下方面：首先，绿色施工的管理将更加注重可持续发展的理念，通过优化施工方案，提高施工效率，减少施工过程中的能源消耗和污染物排放，实现环保和经济的双重效益；其次，绿色施工的管理将更加注重协同合作的理念，通过提升团队的协作能力，优化资源的配置，提升施工效果；最后，绿色施工的管理将更加注重创新的理念，通过引入新的技术和方法，不断提升施工质量和效率。此外，数字化技术的应用将成为绿色施工管理模式变革的重要推手，为管理者提供科学的决策依据，提升管理效果。

7.5 效益分析

生产效率提升：通过数字化技术，工地可以实现自动化和智能化的生产流程，提高施工速度和效率。例如，使用建筑信息模型（BIM）可以优化工程设计和进度计划，增强施工过程的可协调性和一致性。此外，自动化设备和机器人的应用可以减少人力投入和时间成本，提高施工效率。当前建筑业从业人员数量及劳动生产率如图 7-112 所示。

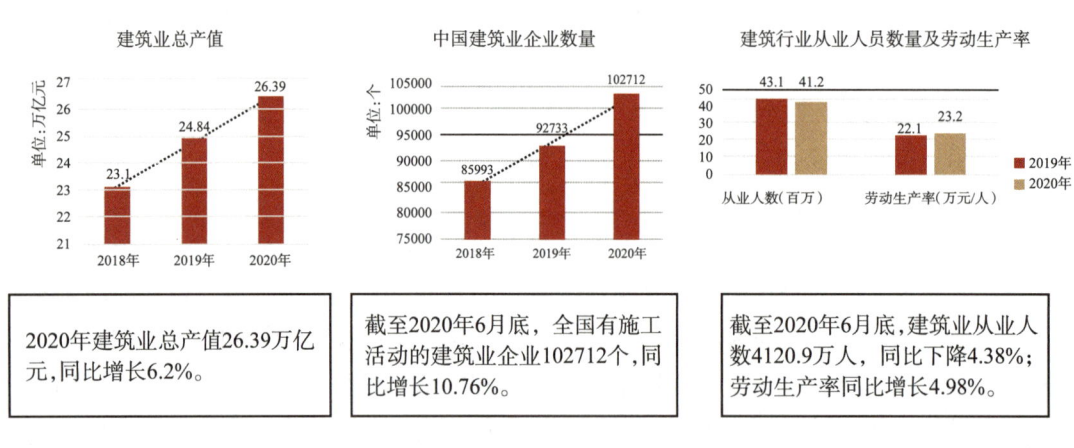

2020年建筑业总产值26.39万亿元，同比增长6.2%。

截至2020年6月底，全国有施工活动的建筑业企业102712个，同比增长10.76%。

截至2020年6月底，建筑业从业人数4120.9万人，同比下降4.38%；劳动生产率同比增长4.98%。

图 7-112　建筑业从业人员及生产效率

BIM 智慧化模拟分析流程及平台如图 7-113 所示。

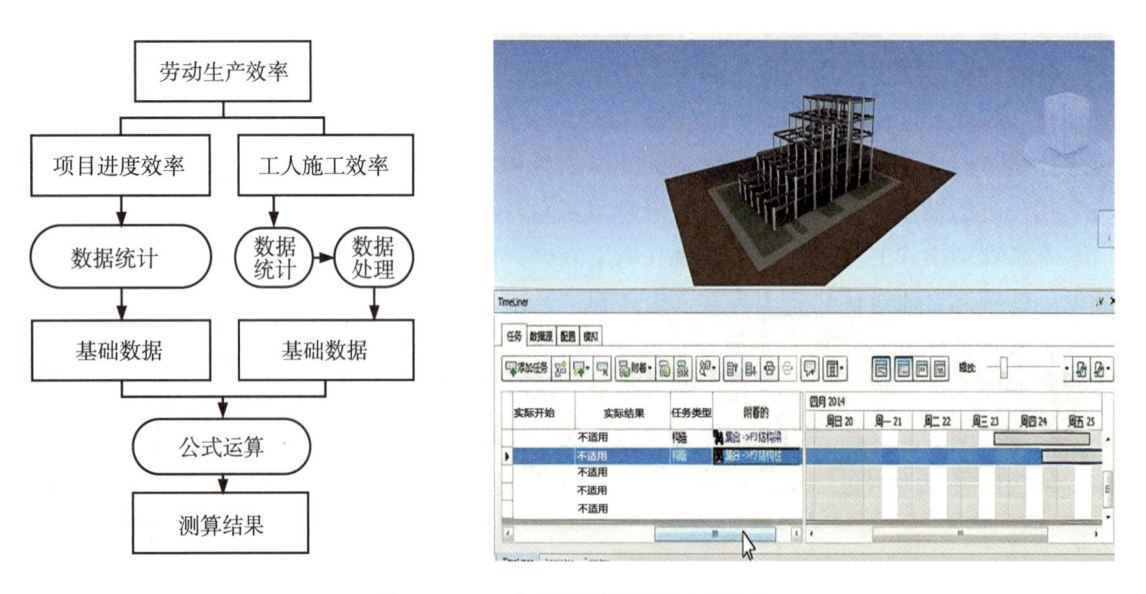

图 7-113　BIM 智慧化模拟分析流程及平台

通过对现场数据的采集和分析，进行调整和改善，有效提升了生产效率，如图 7-114 所示。

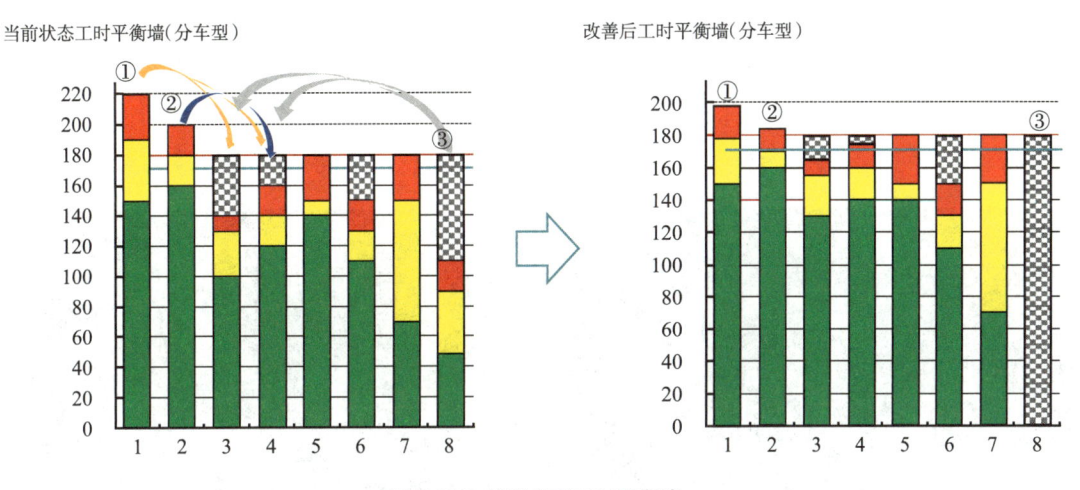

当前状态工时平衡墙(分车型)　　　　　　　　改善后工时平衡墙(分车型)

图 7-114　改善前后工时平衡墙

资源管理优化：数字化工地可以帮助实现资源管理的精细化和实时化监控。通过精确的数据采集和分析，可以有效管理材料和设备的使用，避免资源浪费和损失。此外，利用物联网和传感器技术，可以实时监控设备、能源消耗和环境指标，优化资源利用，减少成本，如图 7-115 所示。

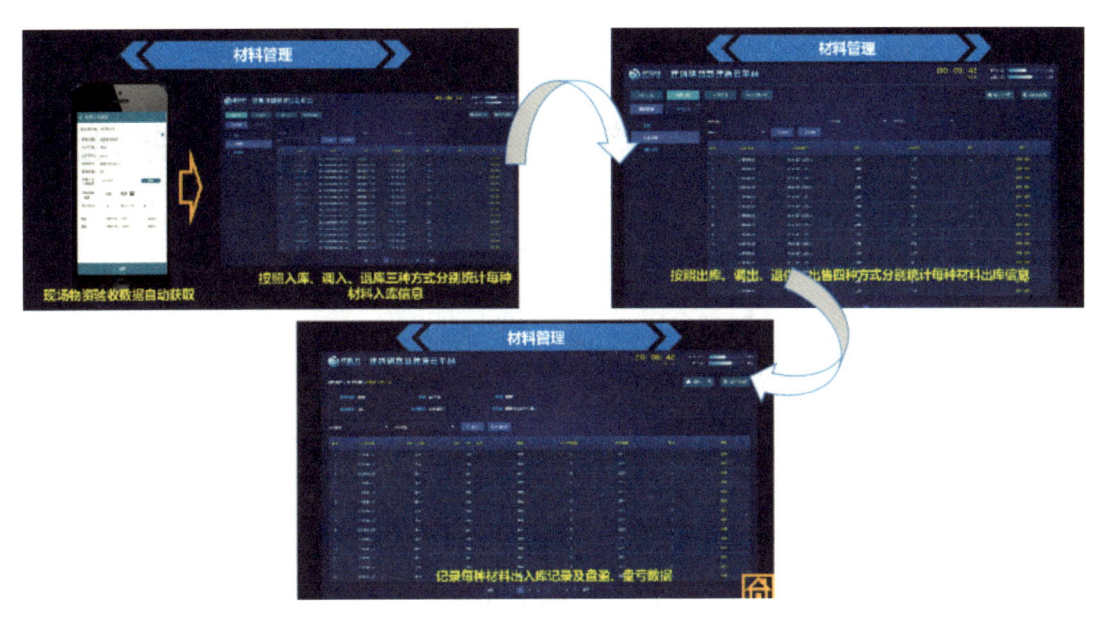

图 7-115　资源管理优化

人力成本节约：数字化工地可以减少人工操作和人力投入，从而降低人力成本。例如，在施工过程中，使用机器人和自动化设备可以代替人工操作，降低人力需求，减少劳动力成本。另外，数字化技术还能提供在线培训和远程协作的方式，优化人力资源的管理和利用。

质量和安全管理改善（图 7-116、图 7-117）：数字化工地可以提升质量和安全管理水平，减少事故和缺陷的发生，从而减少额外的成本。通过数字化技术，可以进行实时的监测和预警，及时发现潜在的安全隐患和质量问题。同时，数字化工地还可以提供培训和教育，提高工人的技能水平和安全意识，进一步降低事故发生的概率。

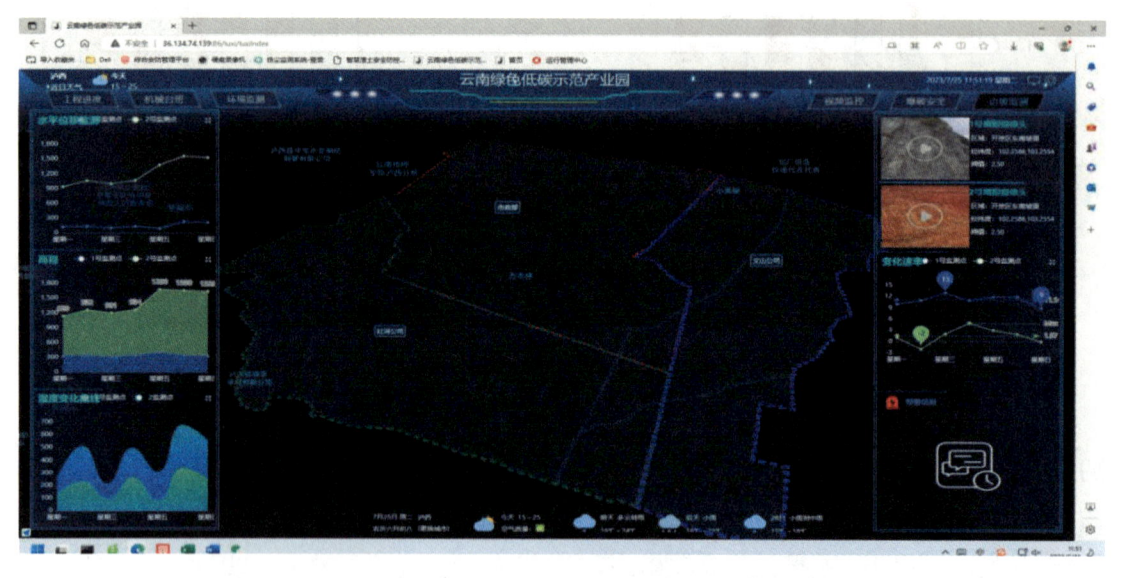

图 7-116 质量管控改善

图 7-117 安全管控改善

项目管理优化（图 7-118）：数字化工地可以帮助实现项目管理的精细化和透明化。通过数字化工地管理平台，可以实时展示项目的进度、预算和成本等关键信息。这有助于更好地掌握项目状况，及时调整计划和资源配置，减少额外的成本和延期风险。

错误和风险降低（图 7-119）：通过数字化工地管理系统和技术，可以减少错误和风险的发生，从而降低额外修复和补救的成本。例如，使用虚拟现实技术可以进行模拟和演练，帮助识别潜在的问题和风险，并采取相应的预防措施，避免重大错误和事故的发生。

7 数字化(智慧)工地的构建与实践案例

图 7-118 项目管理优化

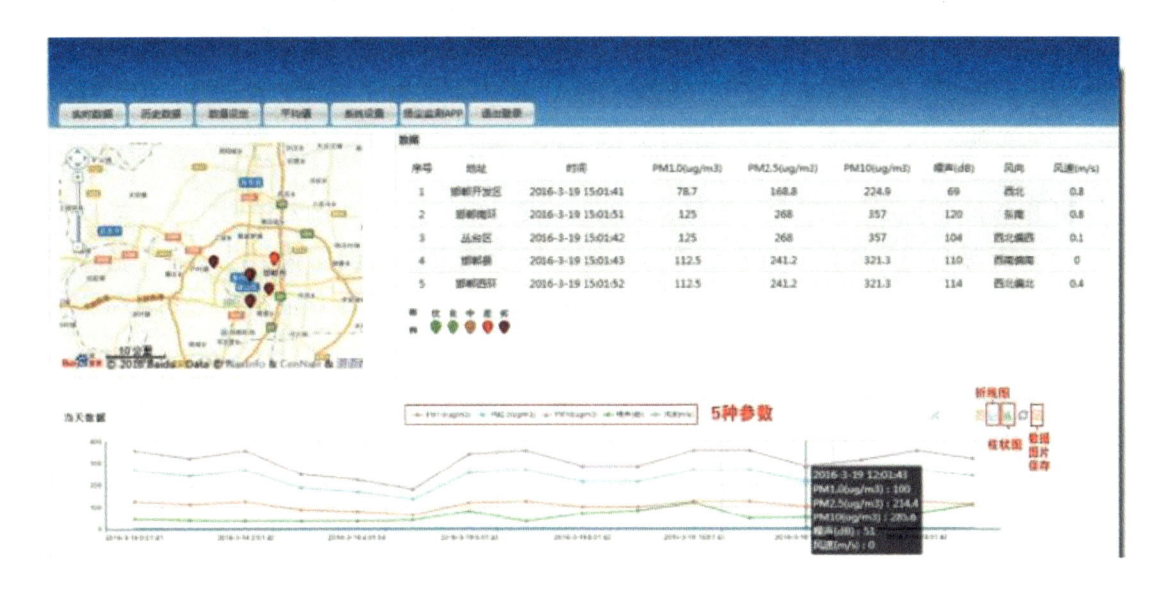

图 7-119 错误和风险降低

节约项目管理时间和成本：数字化工地可以帮助优化项目管理过程，提高工程项目的进度和成本控制。通过数字化工地管理平台，可以实现实时的项目协作和沟通，减少不必要的会议和沟通时间。同时，通过数据分析和预测，可以识别项目中的瓶颈和风险，采取相应的措施，提前解决问题，降低项目延期和额外费用。

提高合同履约能力：数字化工地可以提高工程项目的合同履约能力。通过数字化技术，可以实现更准确的成本估算、供应链管理和材料预订。这有助于避免供应短缺、追加成本等问题，提高合同履约的可靠性，增强与客户和合作伙伴的信任和合作关系。

147

降低维护和运营成本：数字化工地可以帮助降低维护和运营成本。通过数字化技术，可以实现设备故障的预警和预测，在设备维护和保养上进行合理规划，降低停工频率和维修成本。此外，数字化工地管理系统还可以提供设备和设施的远程监控和管理（图7-120），减少人力巡检和维护的成本。

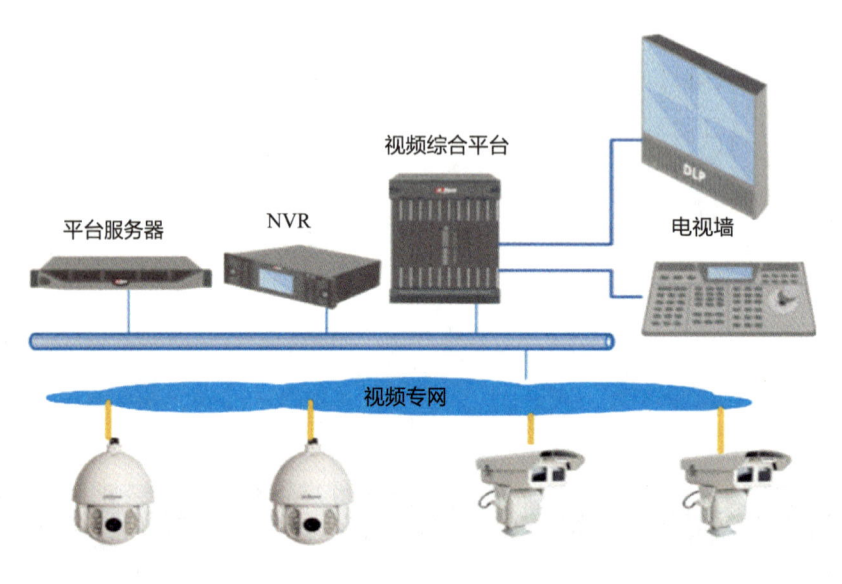

图7-120 远程监控和管理

提升企业竞争力：数字化（智慧）工地的应用可以提升企业的竞争力。通过提高生产效率、资源利用、质量和安全管理等方面的综合能力，企业能够增强项目实施和交付的能力，提高客户满意度，赢得更多项目和市场份额，从而提升企业的竞争力和盈利能力。

可持续发展和环境保护：数字化（智慧）工地可以帮助企业实现可持续发展和环境保护目标。通过优化资源利用和能源消耗，减少废弃物产生和环境污染，降低碳排放和环境影响，工地可以降低环保治理成本，并提高企业形象和声誉，吸引更多注重环境可持续性的客户和合作伙伴。

数据驱动决策和精细管理：数字化（智慧）工地提供了大量的数据和信息，可以支持管理者进行数据驱动的决策和精细化的管理。通过数据分析和可视化，可以发现潜在的优化和改进机会，实时跟踪项目进展和成本控制，及时做出调整，降低潜在的风险和成本。

长期投资回报和竞争优势：虽然数字化（智慧）工地的实施需要一定的投资，但长期来看，它能够带来可观的投资回报。通过提高生产效率、降低成本、优化资源利用和提升质量，数字化工地可以帮助企业在市场上取得竞争优势，获取更多的商业机会，并实现长期发展。

推动创新和商业模式转型：应用数字化（智慧）工地需要持续的创新和技术投入，可以推动企业的创新能力提高和商业模式转型。通过数字化技术的应用，企业可以开发出新的工艺和产品，提供增值服务，探索新的市场和商机，实现商业模式的改革和转型，提高经济效益和竞争力。

综上所述，数字化（智慧）工地的经济效益包括错误和风险降低、节约项目管理时间和成本、提高合同履约能力、降低维护和运营成本，以及提升企业竞争力。这些效益将有助于提高工地的效率、盈利能力和可持续发展能力。数字化（智慧）工地的经济效益还包括可持续发展和环境保护、数据驱动决策和精细管理，以及长期投资回报和竞争优势。通过数字化工地的应用，企业可以提高效率、降低成本、优化资源利用，从而提升其经济效益、可持续发展能力和市场竞争力。

参 考 文 献

[1] 蒋鹏,李荣强,孔德坊.强夯大变形冲击碰撞数值分析[J].岩土工程学报,2000,22(2):222-226.

[2] 孔令伟,袁建新.R波在强夯加固软土地基中的作用探讨[J].工程勘察,1996(5):1-5.

[3] 李四友.数理方法对地基强夯加固深度的研究[D].南昌:南昌大学,2009.

[4] 李学亮.强夯法处理湿陷性黄土地基加固深度公式探讨[J].山西建筑,2003,29(17):28-30.

[5] 刘春,翁洋,王汉强.波动理论在强夯加固机理研究中的应用[J].土工基础,2004,18(1):47-49.

[6] MAYNE P W,JONES J S,DUMAS J C.Ground response to dynamic compaction[J].Journal of Geotechnical Engineering,1984,110(6):757-774.

[7] 王铁宏.全国重大工程项目地基处理实录[M].北京:中国建筑工业出版社,2005.

[8] 贾美珊.智慧工地建设影响因素分析及改进建议研究[D].济南:山东建筑大学,2020.

[9] 李云涛,杨海成,梁四幺.基于物联网技术的智慧工地构建分析[J].中国设备工程,2022,27(6):37-38.

[10] 王玲,吴坚,夏静怡.浅谈智慧工地建设的应用与发展[J].中国建设信息化,2021,19(13):68-69.

[11] 高春燕.新形势下推进建筑工程管理信息化的重要性探究[J].建筑与预算,2021,34(12):8-10.

[12] 王玉霞,姜文俊,于广.智慧工地系统在工程建设中的应用[J].湖南电力,2019,39(4):72-75.

[13] 张琪,江青文,张瑞奇,等.基于BIM的智慧工地建设应用研究[J].建筑节能,2020,48(1):142-146.

[14] 丁小虎,李朝智,陆彬.政府推进智慧工地建设中存在的问题及对策研究——以南京市智慧工地试点建设实践为例[J].建筑安全,2019,34(6):58-62.

[15] 陈强.智慧工地技术在建筑施工起重机械设备安全管理中的应用探讨[J].现代制造技术与装备,2022,58(1):176-178.

[16] 闫文娟,王水璋.无人机倾斜摄影航测技术与BIM结合在智慧工地系统中的应用[J].电子测量与仪器学报,2019,33(10):59-65.

[17] 武绍杰,王得如.基于BIM智慧工地系统在通州区丁各庄公租房项目绿色建造应用[J].建筑技术开发,2021,48(23):76-77.

[18] 杨正彪.北京城建集团安贞医院通州院区建设项目智慧工地建设有"利"可图[J].建筑,

2022(1):58-59.

[19] 刘杰,张国真,梁江滨.BIM+智慧工地数据决策系统在超高层项目管理中的应用[J].广东土木与建筑,2022,29(2):9-12.

[20] 胡建华.智慧工地在建筑工程管理中的应用[J].有色金属设计,2023,50(1):32-35.

[21] 张中勇.智慧工地系统在建筑工程管理中的应用[J].住宅与房地产,2023,27(2):107-109.

[22] 胡惠专.智慧工地在建筑工程安全管理中的应用[J].中国建筑装饰装修,2023(1):153-155.

[23] 蔡凯顺,胡晓莲.智慧工地系统在建筑工程中的应用探究[C].江西省土木建筑学会,江西省建工集团有限责任公司.第28届华东六省一市土木建筑工程建造技术交流会论文集,2022.

[24] 高佩勇.智慧工地系统在建筑工程管理中的应用探讨[J].中国建筑金属结构,2022(8):104-106.